T0198609

Mathematik Kompakt

Herausgegeben von:

Martin Brokate
Heinz W. Engl
Karl-Heinz Hoffmann
Götz Kersting
Gernot Stroth
Emo Welzl

Die neu konzipierte Lehrbuchreihe *Mathematik Kompakt* ist eine Reaktion auf die Umstellung der Diplomstudiengänge in Mathematik zu Bachelor- und Masterabschlüssen. Ähnlich wie die neuen Studiengänge selbst ist die Reihe modular aufgebaut und als Unterstützung der Dozenten wie als Material zum Selbststudium für Studenten gedacht. Der Umfang eines Bandes orientiert sich an der möglichen Stofffülle einer Vorlesung von zwei Semesterwochenstunden. Der Inhalt greift neue Entwicklungen des Faches auf und bezieht auch die Möglichkeiten der neuen Medien mit ein. Viele anwendungsrelevante Beispiele geben dem Benutzer Übungsmöglichkeiten. Zusätzlich betont die Reihe Bezüge der Einzeldisziplinen untereinander.

Mit *Mathematik Kompakt* entsteht eine Reihe, die die neuen Studienstrukturen berücksichtigt und für Dozenten und Studenten ein breites Spektrum an Wahlmöglichkeiten bereitstellt.

Codierungstheorie und Kryptographie

Wolfgang Willems

Birkhäuser
Basel · Boston · Berlin

Autor:
Wolfgang Willems
Institut für Algebra und Geometrie
Fakultät Mathematik
Otto-von-Guericke Universität Magdeburg
Universitätsplatz 2
39106 Magdeburg
email: wolfgang.willems@mathematik.uni-magdeburg.de

2000 Mathematical Subject Classification: 68-01, 68P25, 68P30, 94-01, 94A24, 94A60, 94B05, 94B15

Bibliografische Information der Deutschen Bibliothek
Die Deutsche Bibliothek verzeichnet diese Publikation in der Deutschen Nationalbibliografie; detaillierte bibliografische Daten sind im Internet über ⟨http://dnb.ddb.de⟩ abrufbar.

ISBN 978-3-7643-8611-5 Birkhäuser Verlag AG, Basel – Boston – Berlin

© 2008 Birkhäuser Verlag AG, Postfach 133, CH-4010 Basel, Schweiz
Ein Unternehmen der Fachverlagsgruppe Springer Science+Business Media

Gedruckt auf säurefreiem Papier, hergestellt aus chlorfrei gebleichtem Zellstoff. TCF ∞
Satz und Layout: Protago-TEX-Production GmbH, Berlin, www.ptp-berlin.eu
Printed in Germany

ISBN   76 8611-5

Inhaltsverzeichnis

Vorwort

Das vorliegende Buch gibt eine Einführung in die Fehlerkorrektur und Verschlüsselung digitaler Daten bei der Übertragung über einen Kanal. Ersteres, die Codierungstheorie, beschäftigt sich mit der Korrektur von Fehlern, die in einem unzuverlässig arbeitenden Kanal passieren. Zweiteres, die Kryptographie, hat die Verschlüsselung der Daten zum Inhalt, so dass sie weder gelesen noch manipuliert werden können. Das Buch ist gedacht für Studierende des Bachelor-Studiengangs Mathematik, Informatik oder Elektrotechnik, die bereits mit den Methoden der Linearen Algebra vertraut sind. An einigen wenigen Stellen benötigen wir elementare Sachverhalte aus der Wahrscheinlichkeitstheorie, die man etwa in dem Band *Elementare Stochastik* der gleichen Buchreihe nachlesen kann, sowie etwas Kombinatorik – dies beschränkt sich auf einfaches Abzählen, welches man auch als Anfänger gut nachvollziehen kann. Weitere zum Verständnis notwendige Grundlagen aus Gruppentheorie, Zahlentheorie, Algebra und Komplexitätstheorie haben wir in einem Anhang zusammengestellt, jedoch nur so weit, wie sie benötigt werden. Hier sollte man beim Studium der Codierungstheorie und Kryptographie nachlesen, wenn etwas unverstanden bleibt. Beide Kapitel sind in sich geschlossen, so dass sie unabhängig voneinander studiert werden können.

Um den Inhalt des Buches kompakt zu halten, werden ausgewählte Facetten der beiden Themenkreise behandelt werden. Wir haben daher den Stoff auf das aus heutiger Sicht Wesentliche beschränkt. So sagen wir zum Beispiel nichts über Verschlüsselungsmethoden aus der Vergangenheit, die aus historischer Sicht interessant sind, heute jedoch keine Rolle mehr spielen, sondern konzentrieren uns weitgehend auf die moderne Public-Key-Kryptographie. Die Abschnitte über LDPC-Codes und den AKS-Algorithmus, sowie die teilweise Behandlung von Edwardskurven und Schrijvers Optimierungsmethode geben dem Stoff eine zeitgemäße Prägung.

Hin und wieder sind im Text weitergehende, insbesondere auch neuere Resultate und offene zentrale Probleme eingestreut. Sie sollen einen tieferen Einblick in das Dargestellte vermitteln und zur weiteren Beschäftigung mit den Fragestellungen anregen.

Die in den einzelnen Abschnitten gestellten Aufgaben, für die wir teilweise am Ende des Buches Lösungen angegeben haben, sind zur Selbstkontrolle gedacht. Sie sind teils theoretischer Natur, teils aber auch einfach Rechenaufgaben, in denen Algorithmen nachvollzogen werden sollen. Mitunter treten dabei, aber auch in den Beispielen zu kryptographischen Verfahren, Rechnungen mit großen Zahlen auf, so dass die Verwendung eines Computer-Algebrasystems hilfreich, wenn nicht unerläßlich ist.

Beim ersten Auftreten des Namens einer bedeutenden Persönlichkeit haben wir in einer Fußnote die Lebensdaten, die Wirkungsstätte und deren Beiträge zur Forschung angegeben.

Besonderer Dank gebührt an dieser Stelle Christian Bey, Gohar Kyureghyan und Ralph August, die weite Teile des Buches gelesen und bei der Erstellung der Zeichnungen geholfen haben. Ihr Engagement hat erheblich zur Verbesserung des Textes beigetragen. Ferner danke ich den Herausgebern und dem Birkhäuser Verlag für wertvolle Hinweise bei der Entstehung des Buches.

Magdeburg, im Februar 2008   *Wolfgang Willems*

Einleitung

Im heutigen Informationszeitalter werden täglich sowohl in der Wirtschaft als auch im Privaten kaum vorstellbare Mengen von Information zwischen Sendern und Empfängern über Kanäle wie die Telefonleitung, Computernetzwerke, die Atmosphäre, aber auch CDs ausgetauscht. Dabei dürfte die Digitalisierung von Information noch zunehmen. Neben all den technischen Problemen, die die Realisierung einer derartigen Übertragung an Ingenieure stellt, stehen seitens der Mathematik die folgenden Fragen im Zentrum.

1. *Wie kann man Information trotz Störungen im Kanal ohne Informationsverlust übertragen?*
2. *Wie kann man Information bei der Übertragung gegen unerlaubtes Lesen oder Verändern schützen?*

Bei beiden Fragestellungen wollen wir stets annehmen, dass die zu übertragenden Daten bereits in digitalisierter Form vorliegen. Wie man einen Text oder allgemeiner Information effizient digitalisieren kann, werden wir hier also nicht behandeln. Dies ist ein Teilaspekt der *Informationstheorie*. Da die dazu benötigten Methoden größtenteils wahrscheinlichkeitstheoretischer Natur sind, verweisen wir auf das Lehrbuch *Elementare Stochastik* von Kersting und Wakolbinger aus der gleichen Buchreihe. Wir gehen also davon aus, dass von einem Sender über einen Kanal digitalisierte Daten zu einem Empfänger übertragen werden.

Bei der ersten Frage nehmen wir an, dass der Kanal nicht fehlerfrei arbeitet, so dass eine Korrektur auf der Empfängerseite nötig ist. Hier kommt es nur auf die physikalische Güte des Kanals an, der die Fehler zufällig verursacht, und wir können das Übertragungssystem in sich als abgeschlossen ansehen.

Viele der heute benutzten physikalischen Kanäle zur Datenübertragung arbeiten nicht fehlerfrei. Übertragen wir etwa Daten von einem fernen Satelliten zur Erde, so können wir das Hintergrundrauschen, durch welches Daten zerstört werden, einfach nicht vermeiden. Nicht alle Leser werden den Vorgänger der heutigen CD kennen: die Vinylplatte. Ein Kratzer auf ihr hatte unwiderrufliche Folgen für den Hörgenuss.

Abhilfe kann man nun dadurch erreichen, dass man nicht nur die reine Information überträgt beziehungsweise abspeichert, sondern zusätzliche redundante Bits, die entweder zur Fehlererkennung (etwa beim optischen Einlesen eines Strichcodes an einer Kasse im Supermarkt oder Eintippen einer Kontonummer) oder zur aufwendigeren Fehlerkorrektur (auf einer CD oder bei einer Satellitenübertragung) genutzt werden können. Die hinter diesem Problemkreis stehende Mathematik ist die *Codierungstheorie*. Die verwendeten Methoden sind vielfältig und reichen von der Linearen Algebra, Algebra, Kombinatorik, Geometrie, Optimierung bis hin zu algebraischen Kurven. Einige wesentliche Ideen und Methoden werden Gegenstand des ersten Kapitels sein.

Bei der zweiten Fragestellung, dem Schutz der Daten gegen unerlaubten Zugriff, nehmen wir an, dass der Kanal zwar fehlerfrei arbeitet, aber ein Angriff von außen in das Übertragungssystem vorliegt, den es abzuwehren gilt.

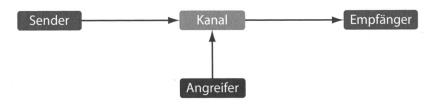

Um Information für Außenstehende unbrauchbar zu machen, verschlüsselt der Sender sie und der Empfänger entschlüsselt sie wieder. Aus einem lesbaren Text macht man, grob gesprochen, einen Buchstabensalat, mit dem ein Unbefugter unter Zuhilfenahme aller ihm zur Verfügung stehenden Mitteln nichts anfangen kann. Während dies früher fast ausschließlich ein Problem im militärischen oder diplomatischen Bereich war, ist aufgrund des tagtäglichen enormen Transfers sensibler Daten im Internet der Schutz der Information in vielen Bereichen mehr denn je gefragt. Einerseits möchte man verhindern, dass Daten von Unbefugten gelesen werden können (man denke etwa ans Schauen von Pay-TV, ohne gezahlt zu haben) andererseits möchte man nicht, dass Daten im Kanal von außen geändert werden können (man denke hier zum Beispiel ans Homebanking). Ein Schutz der Daten erfordert häufig auch eine elektronische Unterschrift unter ein Dokument. Mit diesen und ähnlichen Fragen werden wir uns im zweiten Kapitel zur *Kryptographie* beschäftigen. Die hier verwendeten Methoden sind meist zahlentheoretischer oder algebraischer Natur. Neben wahrscheinlichkeitstheoretischen Aussagen spielt die Komplexität von Algorithmen, die ein Maß für die Berechnungsdauer (auch Laufzeit) ist, eine wesentliche Rolle.

Sowohl die Fehlerkorrektur als auch der Schutz der Daten gegen unerlaubten Zugriff verursachen zusätzliche Kosten bei der Übertragung. Seitens der Anwendungen sollten diese natürlich aus wirtschaftlichen Gründen minimiert werden. Beide Fragestellungen sind insbesondere auch in diesem Sinn zu verstehen.

I Codierungstheorie

Im Jahr 1948 hat Claude Shannon[1] in der bahnbrechenden Arbeit *A Mathematical Theory of Communication* [31] gezeigt, dass man Information beliebig genau übertragen kann, obwohl der Kanal nicht fehlerfrei arbeitet. Dies war die Geburtsstunde der Codierungstheorie. Eine derartige Übertragung läßt sich mit *Blockcodes*, bei denen die Codeworte alle die gleiche Länge haben, aber auch mit *Faltungscodes*, bei denen die Länge variabel ist, realisieren. Wir beschäftigen uns hier nur mit Blockcodes. Für die Theorie der Faltungscodes, die bei stark störanfälligen Kanälen (Mobilfunk, Raumfahrt) eingesetzt werden, verweisen wir den interessierten Leser auf das Kapitel 8 in [6].

■ 1
Grundbegriffe und Beispiele

Wie bereits in der Einleitung gesagt, beschäftigt sich die Codierungstheorie mit der Frage, wie man zur eigentlichen Nachricht Redundanz hinzufügen kann, die es nach einer Übertragung erlaubt, zufällig im Kanal gemachte Fehler zu erkennen oder zu korrigieren. Das Zuordnen der Redundanz (das *Codieren*) wird dabei von einem *Codierer*, die Rückgewinnung der Nachricht (das *Decodieren*) von einem *Decodierer* ausgeführt. Das zugrundeliegende Modell der Datenübertragung ist also von der Form:

Sender → Codierer → Kanal → Decodierer → Empfänger

Bereits einfache Beispiele zeigen, wie man eine Fehlererkennung beziehungsweise eine Fehlerkorrektur bewerkstelligen kann. Wir nehmen dazu an, dass vier Nachrichten in binärer Form als 00, 10, 01 und 11 vorliegen.

---

[1]Claude Elwood Shannon (1916–2001). Mathematiker und Elektroingenieur, arbeitete bei den Bell Laboratories und als Professor am Massachusetts Institute of Technology (MIT), Cambridge (USA). Informationstheorie, künstliche Intelligenz. Erfinder des *Bit*.

Beispiel   a)

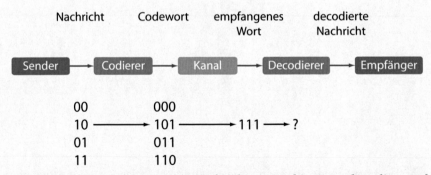

Der Codierer fügt zu der Zwei-Bit-Nachricht ein Bit hinzu, so dass die Anzahl der Einsen gerade wird. Entsteht im Kanal höchstens ein Fehler, so entdeckt der Decodierer den Fehler, da das empfangene Wort dann eine ungerade Anzahl von Einsen enthält. Es ist jedoch unklar, in welcher Koordinate der Fehler entstanden ist. Somit kann der Decodierer den Fehler erkennen, aber nicht korrigieren.

b)

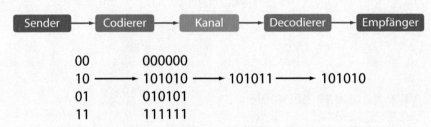

Hier wiederholt der Codierer die Nachricht dreimal. Der Decodierer sucht das-jenige Codewort, zu welchem er vom empfangenen Wort die wenigsten Bits ändern muß. Passiert im Kanal höchstens ein Fehler, d.h. wird höchstens ein Bit im Codewort gestört, so wird das empfangene Wort zum ursprünglich gesende-ten Codewort korrigiert, wie man leicht überprüft.

c) Als Codeworte wählen wir nun spezielle 5-Tupel.

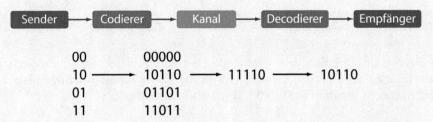

Wieder sucht der Decodierer dasjenige Codewort, welches zum empfangenen Wort den kleinsten *Abstand* hat. Wie in b) kann ein Fehler korrigiert werden. Wir erreichen somit das gleiche Ergebnis, jedoch mit weniger Aufwand.

Hier stellt sich natürlich die Frage, ob wir sogar mit geeigneten binären 4-Tupeln einen Fehler korrigieren können. Die Antwort lautet Nein, und wir stellen den Nachweis als Aufgabe 1.

Mitunter ist es sinnvoll nicht nur binäre Folgen zu betrachten, sondern solche über beliebigen endlichen Mengen.

Sei K eine endliche Menge mit $q = |K|$ Elementen. Eine Teilmenge $C \neq \varnothing$ von $K^n = \{(u_1, \ldots, u_n) \mid u_i \in K\}$ heißt ein *Blockcode*, kurz auch *Code*, über dem *Alphabet* K. Die Elemente von C nennen wir *Codeworte* und n heißt die *Länge* von C. Für $q = 2$ (bzw. $q = 3$) nennen wir C auch einen *binären* (bzw. *ternären*) *Code*.

Definition

Es kommt beim Alphabet K nur auf die Mächtigkeit $|K| = q$ an. Wir werden daher meist $K = \{0, 1, \ldots, q-1\}$ setzen, so dass K, indem wir nun $i \in K$ mit der Restklasse $i + q\mathbb{Z} \in \mathbb{Z}_q$ identifizieren, die Struktur einer abelschen Gruppe trägt (siehe Abschnitt 21). Ist q eine Primzahlpotenz, so können wir K mit dem Körper $\mathbb{F}_q$ identifizieren (siehe Abschnitt 22). Ein binärer Code wird dementsprechend stets ein Code über dem Körper $\mathbb{F}_2 = \mathbb{Z}_2$, ein ternärer Code einer über dem Körper $\mathbb{F}_3 = \mathbb{Z}_3$ sein. Von besonderem Interesse sind die binären Codes, da der Computer die Bits 0 und 1 genau nach den Rechenregeln im Körper $K = \mathbb{F}_2$ verknüpft, also

$$0 + 0 = 0, \; 1 + 0 = 0 + 1 = 1, \; 1 + 1 = 0.$$

In dem obigen Beispiel haben wir intuitiv von Abständen gesprochen. Dies präzisieren wir nun durch die von Hamming[2] im Jahr 1950 eingeführte Definition:

Seien K ein Alphabet und $u = (u_1, \ldots, u_n), v = (v_1, \ldots, v_n)$ Elemente in K^n. Dann heißt

$$d(u, v) = |\{i \mid u_i \neq v_i\}|$$

der *Hamming-Abstand* von u und v.

Definition

Der Hamming-Abstand definiert auf K^n eine Metrik, d.h. es gilt für alle $u, v, w \in K^n$

Lemma

(i) $d(u, v) \geq 0$ und $d(u, v) = 0$ genau dann, wenn $u - v$ ist.
(ii) $d(u, v) = d(v, u)$.
(iii) $d(u, v) \leq d(u, w) + d(w, v)$.

Ist K bezüglich $+$ eine abelsche Gruppe, so ist die Hamming-Distanz translationsinvariant, d.h. es gilt ferner

(iv) $d(u + w, v + w) = d(u, v)$.

Beweis. a) Die Aussagen (i) und (ii) sind offensichtlich. Nach Definition des Hamming-Abstands ist $d(u, v)$ die kleinste Anzahl von Koordinatenänderungen, die man braucht, um u in v zu überführen. Diese Zahl ist kleiner oder gleich der kleinsten

---
[2]Richard Wesley Hamming (1915–1998). Mathematiker und Pionier der Computerwissenschaften, arbeitete bei den Bell Laboratories und als Professor an der Naval Postgraduate School in Monterey. Begründer der algebraischen Codierungstheorie.

Anzahl von Koordinatenänderungen, die wir benötigen, um zunächst u in w und dann w in v zu überführen. Also gilt (iii). Sei nun K bezüglich + eine abelsche Gruppe. Dann ist $u_i \neq v_i$, genau dann, wenn $u_i + w_i \neq v_i + w_i$ ist. Also gilt

$$d(u,v) = |\{\, i \mid u_i \neq v_i \,\}| = |\{\, i \mid u_i + w_i \neq v_i + w_i \,\}| = d(u + w, v + w)$$

für alle $u, v, w \in K^n$. $\qquad\qquad\qquad\qquad\qquad\qquad\qquad\qquad\qquad\qquad\quad \square$

Der Hamming-Abstand spielt nicht nur in der Codierungstheorie eine zentrale Rolle. Auch in der Genetik [13] ist er oft der adäquate Abstandsbegriff. So ist die DNA eine Sequenz mit Einträgen in $\mathbb{Z}_4$, die den Nukleinbasen Adenin, Cytosin, Guanin und Thymin entsprechen.

In dem einführenden Beispiel haben wir ein empfangenes Wort stets zum nächst-gelegenen Codewort (bezüglich des Hamming-Abstands) decodiert. Wir zeigen nun, dass dies sinnvoll ist, wenn der Kanal die folgenden Bedingungen, die in der Praxis oft gegeben sind, erfüllt. Dabei legen wir ein Alphabet K der Mächtigkeit q zugrunde.

(i) Jedes Symbol $a \in K$ wird mit der Wahrscheinlichkeit $p < \frac{q-1}{q}$ verfälscht.
(ii) Wird ein Symbol falsch übertragen, so sind die $q-1$ möglichen Fehler alle gleich wahrscheinlich.

Die Bedingung (i) besagt, dass die Wahrscheinlichkeit der korrekten Übertragung eines Symbols gleich $1 - p > \frac{1}{q}$ ist. Im Fall $q = 2$ passiert ein Bit den Kanal ungestört mit einer Wahrscheinlichkeit größer als $\frac{1}{2}$. Wegen (ii) ist die Wahrscheinlichkeit der Verfälschung in ein vorgegebenes anderes Symbol gleich $\frac{p}{q-1} < \frac{1}{q}$. Kanäle mit den Eigenschaften (i) und (ii) nennen wir *q-när symmetrisch*. Im Spezialfall $q = 2$ heißt der Kanal *binär symmetrisch*. Die Übergangswahrscheinlichkeiten im binär symmetrischen Kanal sind also

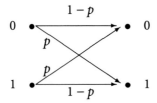

Man nennt p auch die *Symbolfehlerwahrscheinlichkeit* des Kanals.

Die ML-Decodierung

Sei K ein Alphabet mit q Elementen und sei $C \subseteq K^n$ ein Code. Für $c \in C$ und $v \in K^n$ bezeichne $P(v|c)$ die bedingte Wahrscheinlichkeit, dass v empfangen wird, falls c gesendet wurde. Eine *Maximum-Likelihood-Decodierung*, kurz *ML-Decodierung*, decodiert einen Vektor $v \in K^n$ zu einem Codewort $c \in C$, für welches

$$P(v|c) = \max_{c' \in C} P(v|c')$$

ist. Gibt es mehrere Codeworte, für die das Maximum angenommen wird, so wird zufällig ausgewählt.

Unter den obigen Voraussetzungen an den Kanal ist die bedingte Wahrscheinlichkeit $P(v|c')$, dass c' gesendet und v mit $d(v,c') = a$ empfangen wird, gleich

$$P(v|c') = \left(\frac{p}{q-1}\right)^a (1-p)^{n-a},$$

denn an genau a Positionen wird der Eintrag geändert.

Die Bedingung $p < \frac{q-1}{q}$ liefert $\frac{p}{(q-1)(1-p)} < 1$. Somit ist die Funktion

$$f(a) = \left(\frac{p}{q-1}\right)^a (1-p)^{n-a} = \left(\frac{p}{(q-1)(1-p)}\right)^a (1-p)^n$$

mit wachsendem a monoton fallend. Also gilt

$$P(v|c) = \max_{c'\in C} P(v|c')$$

genau für diejenigen Codeworte $c \in C$, für die

$$d(v,c) = \min_{c'\in C} d(v,c')$$

ist. Im Fall von q-när symmetrischen Kanälen verlangt die ML-Decodierung also eine Decodierung zum nächstgelegenen Codewort, d.h. zu demjenigen Codewort, welches minimalen Hamming-Abstand zum empfangenen Wort hat.

Eigentlich sollten wir $P(c|v)$ mit $c \in C$ bei gegebenem $v \in K^n$ maximieren. Werden alle Codeworte mit der gleichen Wahrscheinlichkeit benutzt, so liefert die Formel von Bayes[3]

$$P(v|c) = \frac{P(v,c)}{P(c)} = \frac{P(v,c)}{P(v)}\frac{P(v)}{P(c)} = P(c|v)\, P(v)|C|.$$

Bei Gleichverteilung der Codeworte wird also das Maximum $P(c|v)$ in den gleichen Codeworten $c \in C$ wie für $P(v|c)$ angenommen.

Wir betrachten nochmals das eingangs genannte Beispiel. In diesem wird die Information durch $k = 2$ Bits gegeben. Gesendet werden jedoch $n = 3$, 6 beziehungsweise 5 Bits. Der Quotient $R = \frac{k}{n}$ ist also ein Maß dafür, welcher Anteil der gesendeten Bits reine Information ist. Wir können R^{-1} auch als den Zeitfaktor ansehen, der den Mehraufwand bei der Codierung angibt. In b) und c) benötigt die Übertragung der codierten Information mehr als doppelt soviel Zeit wie die der uncodierten. Etwas allgemeiner definieren wir nun:

Ist C ein Code der Länge n über einem Alphabet mit q Elementen, so nennen wir   Definition
$R = R(C) = \frac{\log_q |C|}{n}$ die *Informationsrate*, kurz auch die *Rate* von C.

---

[3]Thomas Bayes (1702–1761). Englischer Mathematiker und presbyterianischer Pfarrer. Der *Satz von Bayes* findet vielfach Anwendung in der Stochastik.

In der *Informationstheorie* gibt die *Kanalkapazität* κ an, wieviel an Information man maximal über einen gegebenen Kanal übertragen kann. Für einen q-när symmetrischen Kanal, in dem ein Symbol mit der Wahrscheinlichkeit p verfälscht wird, ist diese Kapazität gleich

$$\kappa = \kappa_q(p) = \log_2 q + p \log_2 \frac{p}{q-1} + (1-p)\log_2(1-p).$$

Im binären Fall, also $q = 2$, gilt somit

$$\kappa = \kappa_2(p) = 1 + p \log_2 p + (1-p)\log_2(1-p)$$

und $1 - \kappa_2(p)$ ist die aus der Informationstheorie bekannte *Entropiefunktion*. Überraschend ist nun das folgende Resultat.

Satz

Shannons Hauptsatz der Kanalkodierung [4]. Seien $\epsilon > 0$ und $0 < R < \kappa_q(p)$. Dann gibt es für hinreichend großes n einen Code der Länge n über einem q-nären Alphabet mit der Rate wenigstens R, so dass die Wahrscheinlichkeit einer falschen Decodierung eines Wortes, die sogenannte *Restfehlerwahrscheinlichkeit*, kleiner als ϵ ist.

Durch die Verwendung von geeigneten Codes kann also eine nahezu fehlerfreie Datenübertragung erreicht werden. Der Beweis des Satzes beruht auf wahrscheinlichkeitstheoretischen Betrachtungen (siehe [23], Theorem 2.2.3). Es ist ein reiner Existenzsatz und die Konstruktion derartiger Codes ist eine der großen Herausforderungen an die Codierungstheorie.

Neben der Informationsrate ist die Minimaldistanz von Codes eine weitere wichtige Invariante.

Definition

Sei C ein Code der Länge n über dem Alphabet K.

a) Ist $|C| > 1$, so nennen wir

$$d(C) = \min \{\, d(c, c') \mid c, c' \in C, \ c \neq c' \,\}$$

die *Minimaldistanz* von C. Für $|C| = 1$ setzen wir $d(C) = 0$.

b) Ist $d(C) = d$ und $M = |C|$, so sagen wir, dass C ein (n, M, d)-Code über K ist. Wir nennen (n, M, d) die *Parameter* von C. Der Quotient $\frac{d}{n}$ heißt auch *relative Minimaldistanz*.

Wie in euklidischen Räumen können wir über den Hamming-Abstand Kugeln definieren.

---

[4] Ein ausführlicher Beweis des Satzes findet sich z.B. im Buch von Kersting und Wakolbinger *Elementare Stochastik* aus der gleichen Buchreihe.

Seien K ein Alphabet und $r \in \mathbb{N}_0$. Für $u \in K^n$ definiert

$$B_r(u) = \{\, v \mid v \in K^n, \ d(u,v) \leq r \,\}$$

die Kugel vom Radius r um den Mittelpunkt u in K^n. Ist $|K| = q$, so gilt

$$|\,B_r(u)| = \sum_{j=0}^{r} \binom{n}{j}(q-1)^j,$$

denn $|\{\, v \mid v \in K^n, \ d(u,v) = j \,\}| = \binom{n}{j}(q-1)^j$. Insbesondere ist also $|\,B_r(u)|$ unabhängig vom Mittelpunkt u.

Mittels diesen Definitionen lassen sich nun Aussagen über die Güte der Maximum-Likelihood-Decodierung machen. Sei d die Minimaldistanz von $C \subseteq K^n$ mit $d \geq 2e + 1$. Angenommen, im Kanal passieren höchstens e Fehler, d.h. wird $c \in C$ gesendet, so wird ein $v \in B_e(c)$ empfangen. Für $c \neq c' \in C$ sichert die Bedingung $d \geq 2e + 1$, dass

$$B_e(c) \cap B_e(c') = \emptyset$$

ist, dass also die Kugeln um die Codeworte paarweise disjunkt sind.

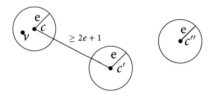

Somit ist c das zu v nächstgelegene Codewort und der ML-Decodierer liefert in der Tat das gesendete Wort. Es treten also bei $e \leq \frac{d-1}{2}$ keine Decodierfehler auf. Liegt das empfangene Wort v in der Kugel $B_{d-1}(c)$ mit $v \neq c \in C$, so weiss der Decodierer, dass Fehler bei der Übertragung passiert sind, denn die Kugel $B_{d-1}(c)$ enthält nur c als Codewort. Dementsprechend definieren wir:

Sei C ein Code.

a) C heißt *t-fehlererkennend*, falls für alle $c \in C$ die Kugel $B_t(c)$ außer c kein weiteres Codewort enthält.

b) C heißt *e-fehlerkorrigierend*, falls $B_e(c) \cap B_e(c') = \emptyset$ ist für alle Codeworte $c \neq c'$.

Hat der Code $C \neq \{0\}$ also die Minimaldistanz d, so können wir bis zu $d - 1$ Fehler erkennen und bis zu $\lfloor \frac{d-1}{2} \rfloor$ Fehler korrigieren, wobei $\lfloor r \rfloor$ für $r \in \mathbb{R}$ die größte ganze Zahl kleiner oder gleich r ist.

Beispiele

Sei K ein Alphabet.

a) **Wiederholungscodes.** Der Code $C = \{(k, \ldots, k) \mid k \in K\} \subseteq K^n$ heißt *Wiederholungscode* der Länge n über K. Für $|C| > 1$ ist $d(C) = n$ und C kann bis zu $\lfloor \frac{n-1}{2} \rfloor$ Fehler korrigieren. Für diese gute Fehlerkorrektur haben wir auch einen hohen Preis zu zahlen, denn von den n übertragenen Zeichen trägt nur ein Zeichen die eigentliche Information.

b) **Kontrollcodes.** Das Alphabet K sei nun bezüglich der Addition + eine abelsche Gruppe und für $i = 1, \ldots, n$ seien π_i Permutationen auf K, also bijektive Abbildungen von K auf K. Ferner sei a ein beliebiges Element von K. Dann heißt

$$C = \{(c_1, \ldots, c_n) \mid c_i \in K, \sum_{i=1}^{n} \pi_i(c_i) = a\}$$

ein *Kontrollcode* und $\sum_{i=1}^{n} \pi_i(c_i) = a$ die *Kontrollgleichung*. Der Code C ist 1-fehlererkennend, da sich c_i eindeutig aus

$$\pi_i(c_i) = a - \sum_{\substack{j=1 \\ j \neq i}}^{n} \pi_j(c_j)$$

berechnen läßt.

Kontrollcodes finden in der Praxis vielfache Anwendung. In den folgenden Beispielen werden wir $K = \{0, 1, \ldots, q-1\}$ stets als die additive Gruppe $\mathbb{Z}_q$ auffassen, indem wir modulo q rechnen.

Beispiele

(aus der Praxis)

a) **Der Paritätscheck-Code.**
Sei $K = \mathbb{Z}_2$. Dann heißt $C = \{(c_1, \ldots, c_n) \mid c_i \in K, \sum_{i=1}^{n} c_i = 0\}$ *Paritätscheck-Code.* Er findet häufig Verwendung in Computernetzwerken zur Erkennung einer ungeraden Anzahl von Fehlern bei der Übertragung, denn genau dann ist die Kontrollgleichung nicht mehr erfüllt.

b) **Der ISIN-Code.**
Der ISIN-Code (*International Securities Identification Number*) ersetzt seit 2003 die Wertpapierkennnummer (WKN) eines Wertpapiers (Aktien, Fonds, Optionen, Zertifikate usw.). Er ist eine zwölfstellige Buchstaben-Zahlen-Kombination. So haben die Aktien der Deutschen Telekom die ISIN DE0007664005. Dabei steht DE für Deutschland, NL für Holland, CH für die Schweiz usw. Um die Prüfziffer (letzte Stelle) zu berechnen, wird jeder der beiden Buchstaben durch eine Zahl zwischen 10 und 35 ersetzt, wobei A = 10, B = 11, ..., Z = 35 ist. Somit ist jede ISIN ein 14-Tupel $(c_1, \ldots, c_{14})$ mit $c_i \in K = \{0, 1, \ldots, 9\}$, wobei c_{14} die Prüfziffer ist. Sie berechnet sich wie folgt: Für $z \in \mathbb{N}_0$ bezeichne $Q(z)$ die Quersumme von z. Die Abbildung $z \longrightarrow Q(2z)$

ist eine Permutation auf K. Die Prüfziffer c_{14} ergibt sich dann aus der Kontrollgleichung

$$Q(2c_1) + c_2 + Q(2c_3) + c_4 + \ldots + Q(2c_{13}) + c_{14} \equiv 0 \bmod 10.$$

Als Kontrollcode ist C ein 1-fehlererkennender Code. Er erkennt aber auch die Vertauschung von zwei benachbarten Einträgen in einem Codewort, sofern diese nicht 0 und 9 sind. Dies ist in der Praxis wünschenswert, da derartige Fehler häufig auftreten. Wir vermerken zunächst, dass für $0 \le z < 5$ trivialerweise $Q(2z) = 2z$ und für $5 \le z \le 9$ die Gleichung $Q(2z) = 1 + (2z - 10) = 2z - 9$ gilt. Angenommen, ein Codewort habe die benachbarten Ziffern a, b und durch Vertauschung dieser Ziffern erhielten wir wieder ein Codewort. Die Kontrollgleichung liefert dann $a + Q(2b) \equiv b + Q(2a) \bmod 10$. Sind $a, b < 5$ oder $a, b \ge 5$, so folgt unmittelbar $a = b$. Ist o.B.d.A. $a < 5$ und $b \ge 5$, so erhalten wir $a + 2b - 9 \equiv b + 2a \bmod 10$, also $b \equiv a + 9 \bmod 10$. Dies erzwingt $a = 0$ und $b = 9$. Eine 0 neben einer 9 sollte also vermieden werden, welches jedoch nicht immer berücksichtigt wird. So haben die BMW Stammaktien die ISIN DE000519000.

c) Der EAN13-Code.

Der EAN13-Code (*European Article Number*) befindet sich auf vielen Produktverpackungen, etwa einem Tetra Pack für Milch. Bezeichnet K die Menge der Zahlen $\{0, 1, \ldots, 9\}$, so ist die links im Bild aufgedruckte Folge von 13 Zahlen ein Element aus

$$C = \{ (c_1, \ldots, c_{13}) \mid c_i \in F, c_1 + 3c_2 + c_3 + 3c_4 + \cdots + c_{13} \equiv 0 \bmod 10 \},$$

das in einen Strichcode übersetzt ist, der optisch-elektronisch mit einem Scanner gelesen werden kann. Dabei geben die ersten beiden Ziffern das Herstellungsland an (40–43 steht für Deutschland), die dritte bis zwölfte Ziffer die Herstellungsfirma und die eigentliche Artikelnummer. Die letzte Ziffer ist wieder eine Prüfziffer und C ist ein Kontrollcode, da die Abbildung $z \longrightarrow 3z \bmod 10$ eine Permutation auf K beschreibt.

d) Die ISBN-Codes.

Mit dem ISBN10-Code (*International Standard Book Number*) werden seit vielen Jahren Bücher von den Verlagen mit Codeworten der Länge 10 über dem Alphabet $K = \{0, 1, \ldots, 9, X\}$ versehen, wobei X für die Zahl 10 steht. Das Buch „A first course in coding theory" von R. Hill hat die ISBN

$$0\text{-}387\text{-}96617\text{-}X.$$

Dabei gibt der erste Block die Sprachregion an. Eine 0 steht für englisch und eine 3 für deutsch. Der zweite Block identifiziert den Verlag, der dritte die individuelle Buchnummer. Dabei sind die ersten 9 Ziffern $c_1, \ldots, c_9$ aus $K \setminus \{X\}$. Die letzte Ziffer z_{10}, eine Prüfziffer, berechnet sich aus

$$10c_1 + 9c_2 + \cdots + 2c_9 + c_{10} \equiv 0 \bmod 11.$$

Der ISBN-Code C ist also eine Teilmenge von

$$\{(c_1,\ldots,c_{10}) \mid c_i \in K, \sum_{i=1}^{10}(11-i)c_i \equiv 0 \bmod 11\}.$$

Da K vermöge der Identifizierung mit $\mathbb{Z}_{11}$ sogar ein Körper ist (siehe Abschnitt 22), sind die Abbildungen $z \longrightarrow jz \bmod 11$ für $j = 1,\ldots,10$ Permutationen von K. Also ist C ein Kontrollcode und erkennt als solcher einen Fehler. Als Aufgabe 4 überlassen wir dem Leser den Nachweis, dass C auch die Vertauschung zweier beliebiger Stellen erkennt.

Ab Januar 2007 wird der ISBN10-Code auf den ISBN13-Code umgestellt. Die Codeworte haben nun die Länge 13 mit Einträgen in $K = \{0,1,\ldots,9\}$. Die Prüfziffer berechnet sich wie beim EAN13. Im Beispiel befindet sich oben die ISBN10 und unter dem Strichcode die ISBN13. Sie besitzt die 5 Blöcke 978-3-8351-0089-3, entsteht also aus der ISBN10 durch Voranstellen eines Präfix, bisher 978 oder 979, und einer anderen Berechnung der Prüfziffer.

Benutzen wir Codes nicht nur zur Fehlererkennung, sondern zur Fehlerkorrektur, so sagt uns die ML-Decodierung, wie wir bei der Decodierung zu verfahren haben. Nun wäre es besonders schön, wenn sich der ganze Raum K^n disjunkt mit Kugeln vom Radius e um die Codeworte überdecken ließe. Dies hätte zur Folge, dass der Decodierer einem beliebig empfangenen Wort eindeutig ein Codewort zuordnen könnte und die Decodierung wäre stets korrekt, sofern im Kanal höchstens e Fehler passieren.

Definition

Sei C ein Code der Länge n über dem Alphabet K. Wir nennen C *perfekt*, falls ein $e \in \mathbb{N}_0$ existiert, so dass

$$K^n = \bigcup_{c\in C} B_e(c)$$

die disjunkte Vereinigung der Kugeln $B_e(c)$ für $c \in C$ ist.

Satz

Sei C ein Code der Länge n über dem Alphabet K mit $|K| = q$. Ferner gelte für die Minimaldistanz $d(C) \geq 2e + 1$ mit $e \in \mathbb{N}_0$.

a) **Hamming-Schranke.** Es gilt

$$q^n \geq |C| \sum_{j=0}^{e} \binom{n}{j}(q-1)^j.$$

b) Genau dann ist C perfekt, wenn die sogenannte Kugelpackungsgleichung

$$q^n = |C| \sum_{j=0}^{e} \binom{n}{j}(q-1)^j$$

erfüllt ist.

Beweis. a) Die Bedingung $d(C) \geq 2e+1$ liefert $B_e(c) \cap B_e(c') = \emptyset$ für alle Codeworte $c \neq c'$. Wir erhalten somit

$$q^n = |K^n| \geq |\bigcup_{c \in C} B_e(c)| = \sum_{c \in C} |B_e(c)| = |C||B_e(0)| = |C| \sum_{j=0}^{e} \binom{n}{j}(q-1)^j.$$

b) Genau dann gilt in a) die Gleichheit, wenn die Kugeln vom Radius e um die Codeworte ganz K^n disjunkt überdecken, also C perfekt ist. $\square$

Offenbar sind $C = K^n$ und einelementige C perfekt. Weiterhin ist der binäre Wiederholungscode ungerader Länge $n = 2e+1$ perfekt. Er enthält nur die beiden Codeworte $c = (0,\dots,0)$ und $c' = (1,\dots,1)$ und man kann ganz K^n mit den beiden Kugeln vom Radius e um c und c' überdecken. Man nennt diese Codes die *trivialen perfekten Codes*. Im folgenden Beispiel geben wir einen nichttrivialen perfekten Code an.

Sei $K = \mathbb{F}_2 = \{0,1\}$ der Körper mit zwei Elementen. Wir setzen

$$C = \left\{ (c_1,\dots,c_7) \mid c_i \in K, \begin{array}{l} c_1 + c_4 + c_6 + c_7 = 0 \\ c_2 + c_4 + c_5 + c_7 = 0 \\ c_3 + c_5 + c_6 + c_7 = 0 \end{array} \right\}.$$

Beispiel

Offenbar ist C ein K-Vektorraum der Dimension 4, also $|C| = 2^{\dim C} = 2^4$. Wegen der Translationsinvarianz von $d(\cdot,\cdot)$ gilt dann $d(C) = \min\{d(c,0) \mid 0 \neq c \in C\}$. An den drei Gleichungen kann man nachprüfen, dass jedes von Null verschiedene Codewort mindestens drei Einträge 1 haben muß. Ferner liegt der Vektor $(0,0,0,1,1,1,0)$ in C. Also gilt $d(C) = 3$ und C ist ein 1-fehlerkorrigierender $(7,2^4,3)$-Code. Ferner ist er perfekt, denn er erfüllt mit $e = 1$ die Kugelpackungsgleichung wegen

$$2^7 = |K|^7 \geq |\bigcup_{c \in C} B_1(c)| = |C|(1+7) = 2^4(1+7) = 2^7.$$

Der so konstruierte binäre $(7,2^4,3)$-Code gehört zu einer ganzen Serie von perfekten Codes, den sogenannten *Hamming-Codes*, die wir im nächsten Abschnitt behandeln. Sie sind über beliebigen endlichen Körpern $\mathbb{F}_q$ definiert und haben die Parameter $(n = \frac{q^k-1}{q-1}, q^{n-k}, 3)$. Neben dieser Serie von perfekten Codes hat Golay[5] im Jahr 1949 zwei weitere perfekte Codes entdeckt, den *binären* $(23,2^{12},7)$-*Golay-Code* und den *ternären* $(11,3^6,5)$-*Golay-Code*, die wir im Abschnitt 5 behandeln.

Für die fehlerkorrigierende Datenübertragung enttäuschend ist nun die tieferliegende Feststellung, dass es fast keine perfekten Codes gibt (vergleiche auch den Absatz nach Hamming-Codes im Abschnitt 2), denn nach Hong [17] und weiteren Autoren gilt:

---

[5]Marcel J.E. Golay (1902–1989). Elektroingenieur und Physiker, arbeitete bei den Bell Laboratories und den U.S. Army Signal Corps Laboratories in Fort Monmouth.

Satz

> Ist $q \geq 3$, $e \geq 3$ oder $q = 2$, $e \geq 4$ und $n \geq e + 1$, so gibt es keinen perfekten $(n, |C|, 2e + 1)$-Code C über einem Alphabet mit q Elementen.

Schranken sind wichtige Hilfsmittel bei der Konstruktion von Codes, wie wir noch sehen werden. Neben der Hamming-Schranke ist die Singleton-Schranke von zentraler Bedeutung.

Satz

> **Singleton-Schranke.** Sei C ein Code der Länge n über einem Alphabet mit q Elementen. Ist d die Minimaldistanz von C, so gilt
>
> $$d \leq n - \log_q |C| + 1.$$
>
> Codes, für welche die Gleichheit gilt, heißen MDS-Codes (*Maximum Distance Separable Codes*; siehe Aufgabe 8).

Beweis. Sei K das Alphabet. Wir betrachten die Projektion $\alpha : K^n \longrightarrow K^{n-d+1}$, welche durch

$$\alpha((u_1, \ldots, u_n)) = (u_1, \ldots, u_{n-d+1})$$

definiert ist. Da zwei verschiedene Codeworte mindestens den Abstand d haben, ist die Einschränkung von α auf C injektiv. Also gilt

$$|C| = |\alpha(C)| \leq |K^{n-d+1}| = q^{n-d+1}$$

und wir erhalten $\log_q |C| \leq n - d + 1$, also $d \leq n - \log_q |C| + 1$. $\qquad\square$

Im nächsten Abschnitt konstruieren wir eine Klasse von Codes, die die Singleton-Schranke erreichen, also zu den MDS-Codes gehören. Es sind die sogenannten Reed-Solomon-Codes. Dem Leser überlassen wir an dieser Stelle als Aufgabe 9 die Konstruktion eines „kleinen" MDS-Codes.

Übungsaufgaben

Aufgabe 1. Zeigen Sie, dass man im ersten Beispiel dieses Abschnitts mit Codeworten der Länge 4 nicht jede Verfälschung eines Bit korrigieren kann.

Aufgabe 2. Bestimmen Sie die Prüfziffer x in der ISIN NL000034948x der holländischen Aktie Elsevier.

Aufgabe 3. Berechnen Sie in der ISBN13 Ziffernfolge 978-3-7643-8611-x die Prüfziffer x und vergleichen Sie die Folge mit der ISBN13 des vorliegenden Buches.

Aufgabe 4. a) Zeigen Sie, dass der ISBN10-Code die Vertauschung zweier beliebiger Ziffern erkennt.
b) Wann erkennt der EAN13-Code die Vertauschung zweier Ziffern?

Aufgabe 5. Beweisen Sie, dass es keinen binären $(7, 2^3, 5)$-Code gibt.

Aufgabe 6. Sei C ein perfekter Code mit $|C| > 1$ und der Minimaldistanz d. Zeigen Sie, dass $d = 2e + 1$ mit $e \in \mathbb{N}_0$ ist.

Aufgabe 7. a) Rechnen Sie nach, dass die Parameter $q = 2$, $n = 90$, $|C| = 2^{78}$ und $e = 2$ die Kugelpackungsgleichung erfüllen.
b) Beweisen Sie, dass es keinen binären $(90, 2^{78}, 5)$-Code gibt.
Hinweis zu b): Sei C ein $(90, 2^{78}, 5)$-Code über $K = \mathbb{F}_2$. Wir dürfen annehmen, dass der Nullvektor in C liegt. Setze

$\mathcal{V} = \{v = (v_1, \ldots, v_{90}) \in K^{90} \mid v_1 = v_2 = 1, \mathrm{d}(v, 0) = 3\}$ und
$\mathcal{C} = \{c = (c_1, \ldots, c_{90}) \in C \mid c_1 = c_2 = 1, \mathrm{d}(c, 0) = 5\}$.

Berechne $|\{(v, c) \mid v \in \mathcal{V}, c \in \mathcal{C}, \sum_{i=1}^{90} c_i v_i = 1\}|$ vermöge
$\sum_{v \in \mathcal{V}} |\{c \in \mathcal{C} \mid \sum_{i=1}^{90} c_i v_i = 1\}|$ und $\sum_{c \in \mathcal{C}} |\{v \in \mathcal{V} \mid \sum_{i=1}^{90} c_i v_i = 1\}|$.

Aufgabe 8. Sei C ein Code der Länge n und der Minimaldistanz d über einem Alphabet K mit q Elementen. Beweisen Sie:
a) Ist die Projektion $\alpha : C \to K^k$ auf vorgegebene k Koordinaten, etwa

$$(c_1, \ldots, c_n) \mapsto (c_{i_1}, \ldots, c_{i_k}),$$

eine Bijektion, so gilt $k \leq \log_q(n - d + 1)$. Diese k Koordinaten trennen die Codeworte, d.h. sie bestimmen das Codewort eindeutig.
b) Genau für MDS-Codes ist die Projektion auf beliebige $k = \log_q(n - d + 1)$ Koordinaten bijektiv. Dies erklärt MDS, also Maximum Distance Separable.

Aufgabe 9. Konstruieren Sie einen binären $(4, 2^3, 2)$-MDS-Code.
Hinweis: Betrachten Sie die Menge aller binären 4-Tupel mit einer geraden Anzahl von Einsen.

■ 2
Lineare Codes

Ist das Alphabet K ein Körper, so ist K^n ein K-Vektorraum. Lineare Codes sind Unterräume dieses Vektorraums. Sie bieten gegenüber Codes, die nur Teilmengen des K^n sind, eine Fülle von Vorteilen. So müssen nicht mehr alle Codeworte abgespeichert werden, sondern nur noch eine Basis, da sich jedes Codewort mit ihr eindeutig darstellen läßt. Weiterhin kann man die Minimaldistanz über die Gewichte sehr viel schneller berechnen. Entscheidend ist jedoch die Schnelligkeit einiger Decodieralgorithmen, die wesentlich die Vektorraumstruktur ausnutzen.

Durch die Forderung der Linearität verliert man natürlich auch. Ein linearer Code hat bei vorgegebener Länge und Minimaldistanz oft weniger Codeworte als ein nichtlinearer. Man kennt zum Beispiel einen binären nichtlinearen $(16, 2^8, 6)$-Code (sogenannter *Nordstrom-Robinson-Code*). Ein binärer linearer Code der Länge 16 und Minimaldistanz 6 hat aber höchstens die Hälfte der Codeworte, nämlich 2^7 (siehe [44], Beispiele 7.4.10).

Definition

Ein *linearer Code* C ist ein Unterraum des K-Vektorraums K^n, wobei K ein endlicher Körper und $n \in \mathbb{N}$ ist. Wir schreiben dann $C \leq K^n$. Ist $k = \dim C$ die Dimension von C und $d = d(C)$ die Minimaldistanz, so sprechen wir auch von einem $[n,k]$- oder genauer $[n,k,d]$-Code über K. Wir nennen $[n,k,d]$, aber auch $[n,k,d]_q$, falls $q = |K|$ ist, die *Parameter* von C.

Beispiel

Seien K ein Körper, $2 \leq n \in \mathbb{N}$ und

$$C = \{(c_1, \ldots, c_n) \mid c_i \in K, \sum_{i=1}^{n} c_i = 0\} \subseteq K^n.$$

Man bestätigt direkt, dass C ein Unterraum des K^n der Dimension $n - 1$ ist. Wegen $(1, -1, 0, \ldots, 0) \in C$ gilt $d(C) = 2$. Somit ist C ein $[n, n-1, 2]$-Code. Im Fall $|K| = 2$ ist C gerade der Paritätscheck-Code, den wir bereits im vorigen Abschnitt kennengelernt haben.

Mit Hilfe der Gewichtsfunktion, die wir nun definieren, läßt sich der Aufwand zur Bestimmung der Minimaldistanz für lineare Codes erheblich reduzieren.

Definition

Seien K ein Körper und $n \in \mathbb{N}$.

a) Für $u = (u_1, \ldots, u_n) \in K^n$ setzen wir

$$\mathrm{wt}(u) = d(u, 0) = |\{i \mid u_i \neq 0\}|$$

und nennen $\mathrm{wt} : K^n \to \{0, 1, \ldots, n\}$ die *Gewichtsfunktion* und $\mathrm{wt}(u)$ das *Gewicht* von u.

b) Ist $\{0\} \neq C \subseteq K^n$, so heißt

$$\mathrm{wt}(C) = \min\{\mathrm{wt}(c) \mid 0 \neq c \in C\}$$

das *Minimalgewicht* von C. Für $C = \{0\}$ setzen wir $\mathrm{wt}(C) = 0$.

Lemma

Für einen linearen Code C gilt $\mathrm{wt}(C) = d(C)$.

Beweis. Ist $|C| = 1$, so ist die Aussage vermöge der Definitionen richtig. Für $|C| > 1$ gilt

$$
\begin{aligned}
d(C) &= \min\{d(c, c') \mid c, c' \in C,\ c \neq c'\} \\
&= \min\{d(c - c', 0) \mid c, c' \in C,\ c \neq c'\} \quad \text{(Translationsinvarianz von d)} \\
&= \min\{\mathrm{wt}(c) \mid 0 \neq c \in C\} \quad\quad\quad\quad\quad \text{(Additivität von C)} \\
&= \mathrm{wt}(C). \quad\quad\quad\quad\quad\quad\quad\quad\quad\quad\quad\quad\quad\quad\quad\quad \square
\end{aligned}
$$

Der Satz reduziert also den Aufwand zur Berechnung der Minimaldistanz von $\frac{|C|(|C|-1)}{2}$ Abstandsbestimmungen auf $|C| - 1$ Gewichtsbestimmungen.

Mit $(K)_{k,n}$ bezeichnen wir die Menge der Matrizen über dem Körper K mit k Zeilen und n Spalten. Für $A \in (K)_{k,n}$ sei $A^T \in (K)_{n,k}$ die zu A *transponierte* oder *gespiegelte* Matrix und Rg A der *Rang* von A. Ist z ein Zeilenvektor, so ist z^T also ein Spaltenvektor.

Sei C ein $[n,k]$-Code über K.   Definition

a) Ist $k \geq 1$, so heißt eine Matrix $G \in (K)_{k,n}$ eine *Erzeugermatrix* für C, falls

$$C = K^k G = \{\, (u_1, \ldots, u_k)G \mid u_i \in K \}$$

ist. Die Zeilen von G bilden also eine Basis von C. Insbesondere hat G somit den Rang $k = \dim C$.

b) Ist $k < n$, so heißt eine Matrix $H \in (K)_{n-k,n}$ eine *Kontrollmatrix* für C, falls

$$C = \{\, u \mid u \in K^n, Hu^T = 0 \}$$

ist. Da ein k-dimensionaler Unterraum von K^n sich als Durchschnitt von geeigneten $n-k$ Hyperebenen schreiben läßt, existiert stets eine Kontrollmatrix. Weiterhin gilt nach der Linearen Algebra

$$\mathrm{Rg}\, H = n - \dim \mathrm{Kern}\, H = n - \dim C = n - k.$$

Sei $C = \{(c_1, \ldots, c_n) \mid c_i \in K, \sum_{i=1}^n c_i = 0\} \leq K^n$. Dann ist   Beispiel

$$G = \begin{pmatrix} 1 & -1 & 0 & \ldots & 0 & 0 \\ 0 & 1 & -1 & \ldots & 0 & 0 \\ \vdots & \vdots & \vdots & & \vdots & \vdots \\ 0 & 0 & 0 & \ldots & 1 & -1 \end{pmatrix} \in (K)_{n-1,n}$$

eine Erzeugermatrix für C, denn die Zeilen bilden eine Basis von C. Die Matrix

$$H = (1,1,\ldots,1) \in (K)_{1,n}$$

ist wegen $C = \{u = (u_1, \ldots, u_n) \mid u \in K^n, Hu^T = \sum_{i=1}^n u_i = 0\}$ eine Kontrollmatrix.

Mittels Erzeugermatrizen kann man einfach codieren, indem man einem Informationswort $u \in K^k$ das Codewort $c = uG \in C$ zuordnet. Kontrollmatrizen können zum Decodieren sinnvoll eingesetzt werden:

Die Syndrom-Decodierung

Sei C ein $[n,k]$-Code über K mit der Kontrollmatrix H. Bei der ML-Decodierung wird zu einem empfangenen Wort $\tilde{c} \in K^n$ ein Codewort $c \in C$ gesucht, so dass der

Fehler $f = \tilde{c} - c \in \tilde{c} + C$ minimales Gewicht hat. Nun gilt

$$H\tilde{c}^T = H(f + c)^T = Hf^T + Hc^T = Hf^T.$$

Bezeichnen wir den Vektor $s = s_v \in K^n$, für den $s^T = Hv^T$ gilt, als das *Syndrom von* $v \in K^n$, so haben das empfangene Wort $\tilde{c}$ und der gesuchte Fehler f das gleiche Syndrom. Beachten wir noch, dass $Hv^T = Hu^T$ genau dann gilt, wenn $v - u \in C$, also $v + C = u + C$ ist, so legt das Syndrom von $\tilde{c}$ die Nebenklasse von C im K^n, in welcher der Fehler zu suchen ist, eindeutig fest.

Angenommen, wir könnten für jede Nebenklasse $v + C$ einen sogenannten *Nebenklassenführer* $f_v \in v + C$ mit

$$\mathrm{wt}(f_v) = \min\{\mathrm{wt}(v + c) \mid c \in C\}$$

bestimmen (dies erfordert Aufwand, falls $|C|$ groß ist), so wird bei der *Syndrom-Decodierung* das empfangene Wort $\tilde{c}$ zum Codewort $c = \tilde{c} - f_{\tilde{c}}$ decodiert. Anstatt die $|K|^k$ Abstände $d(\tilde{c}, c)$ mit $c \in C$ zu bestimmen, wird bei der Syndrom-Decodierung unter den $|K|^{n-k}$ Nebenklassenführern derjenige gesucht, der das gleiche Syndrom wie $\tilde{c}$ hat. Falls k größer als $\frac{n}{2}$ ist, so sind also weniger Vergleiche auszuführen.

Neben der Syndrom-Decodierung ist eine Kontrollmatrix auch hilfreich bei der Bestimmung der Minimaldistanz.

Satz

> Ist C ein $[n,k]$-Code über K mit $k \geq 1$ und der Kontrollmatrix H, so gilt
>
> $$\begin{aligned} d(C) \;&=\; \mathrm{wt}(C) \\ &=\; \min\{r \mid r \in \mathbb{N}, \text{ es gibt } r \text{ linear abhängige Spalten von } H\}. \\ &=\; \max\{r \mid r \in \mathbb{N}, \text{ je } (r-1) \text{ Spalten von } H \text{ sind linear unabhängig}\}. \end{aligned}$$

Beweis. Wir haben nur das zweite Gleichheitszeichen zu beweisen. Seien $h_1, \ldots, h_n$ die Spalten von H. Da nach Voraussetzung $C \neq \{0\}$ ist, sind $h_1, \ldots, h_n$ linear abhängig. Sei nun $w \in \mathbb{N}$ minimal gewählt, so dass es w linear abhängige Spalten gibt, etwa $h_{i_1}, \ldots, h_{i_w}$. Also können wir $c_j \in K$ mit $c_j \neq 0$ genau für $j \in \{i_1, \ldots, i_w\}$ finden, so dass $\sum_{j=1}^{n} c_j h_j = 0$ ist. Setzen wir $c = (c_1, \ldots, c_n)$, so gilt $Hc^T = 0$, also $c \in C$. Wegen $\mathrm{wt}(c) = w$ erhalten wir $\mathrm{wt}(C) \leq w$. Angenommen, es gäbe $0 \neq \tilde{c} \in C$ mit $\tilde{w} = \mathrm{wt}(\tilde{c}) < w$. Dann würde $H\tilde{c}^T = 0$ die Existenz von $\tilde{w}$ linear abhängigen Spalten von H liefern entgegen der Definition von w. Damit ist die Behauptung gezeigt. □

Beispiel

Die Hamming-Codes. Seien K ein Körper mit q Elementen und $2 \leq k \in \mathbb{N}$. Jeder Vektor $0 \neq u \in K^k$ definiert eine Gerade durch Null im K^k, nämlich

$$\langle u \rangle = \{ku \mid k \in K\}.$$

Da die skalaren Vielfachen ungleich 0 von u die gleiche Gerade definieren, gibt es genau

$$n = \frac{q^k - 1}{q - 1}$$

verschiedene Geraden im K^k. Sind $\langle h_1 \rangle, \ldots, \langle h_n \rangle$ diese Geraden, wobei wir die h_i als Spaltenvektoren schreiben, so setzen wir

$$H = (h_1 \ldots h_n) \in (K)_{k,n}.$$

Der Code C über K mit der Kontrollmatrix H, also $C = \{ c \in K^n \mid Hc^T = 0\}$, heißt ein *Hamming-Code*. Da Vielfache der Einheitsvektoren $e_1, \ldots, e_n \in K^n$ als Spalten in H stehen, folgt $\dim C = n - k$. Ferner sind je zwei Spalten von H linear unabhängig und geeignete drei Spalten linear abhängig. Mit dem vorstehenden Satz erhalten wir direkt $\mathrm{wt}(C) = \mathrm{d}(C) = 3$. Somit hat C die Parameter $[n, n-k, 3]$, ist also 1-fehlerkorrigierend. Die Kugelpackungsgleichung

$$\left| \bigcup_{c \in C} B_1(c) \right| \quad = \quad |C||B_1(0)| = q^{n-k}(1 + n(q - 1))$$

$$= \quad q^{n-k}\left(1 + \left(\tfrac{q^k - 1}{q - 1}\right)(q - 1)\right) = q^n$$

liefert ferner die Perfektheit von C.

In der Definition von C haben wir willkürliche Auswahlen getroffen; einerseits in der Wahl der Vertreter h_i der 1-dimensionalen Unterräume, andererseits in der Anordnung der h_i in der Matrix H. Andere Wahlen liefern *nichts wesentlich Verschiedenes*, wie wir in Kürze durch die Einführung des Begriffs der Äquivalenz sehen werden. Dies legt nahe, von dem $[n = \frac{q^k - 1}{q - 1}, n - k, 3]$-Hamming-Code über K zu sprechen. Wir bezeichnen ihn mit $\mathrm{Ham}_q(k)$.

Neben den trivialen perfekten Codes und den beiden bereits erwähnten Golay-Codes, dem binären $[23, 12, 7]$- und dem ternären $[11, 6, 5]$-Code, sind die Hamming-Codes die einzigen weiteren linearen Codes, die perfekt sind. Dies ist ein Resultat, welches von Tietäväinen [37] unter Vorarbeiten von J. van Lint[6] und unabhängig davon auch von Zinov'ev und Leont'ev [45] im Jahr 1973 bewiesen wurde.

Als nächstes beschreiben wir die Reed-Solomon-Codes, die von Reed und Solomon [29] im Jahr 1960 entdeckt wurden und sicher mit zu den wichtigsten der in der Praxis verwendeten Blockcodes zählen. Dies liegt einerseits daran, dass sie die Singleton-Schranke erreichen, also maximal viele Fehler bei gegebenem n und k korrigieren, andererseits, dass sie schnelle Decodierverfahren gestatten (siehe Abschnitt 9). Ihre Anwendungen reichen von der Compact Disc (siehe Abschnitt 3) bis zur Datenübertragung im tiefen Weltraum (*deep space transmissions*). Eine schöne Darstellung dieser Codes in vielen unterschiedlichen Anwendungsbereichen findet man in [41].

---

[6]Jacobus Hendricus van Lint (1932–2004) Eindhoven. Zahlentheorie, Codierungstheorie.

Beispiel

Die Reed-Solomon-Codes. Sei K ein Körper mit $|K| = q$ und $1 \leq k \leq n \leq q$. Ferner bezeichne $K[x]$ den Polynomring über K in der Variablen x. Sei

$$K[x]_{k-1} = \{f \mid f \in K[x], \operatorname{Grad} f \leq k - 1\}$$

die Menge der Polynome über K vom Grad kleiner oder gleich $k-1$. Man beachte, dass $K[x]_{k-1}$ ein k-dimensionaler Vektorraum über K ist. Für eine n-elementige Teilmenge $\mathcal{M} = \{a_1, \ldots, a_n\}$ von K, also $a_i \neq a_j$ für $i \neq j$, setzen wir

$$C = C_{\mathcal{M}} = \{(f(a_1), \ldots, f(a_n)) \mid f \in K[x]_{k-1}\}$$

und nennen C einen *Reed-Solomon-Code*, kurz auch einen RS-*Code*. Da die Einträge in den Codeworten Auswertungen von Polynomen sind, spricht man auch von einem *Auswertungscode*. Offenbar ist die Abbildung

$$\alpha : f \mapsto c_f = (f(a_1), \ldots, f(a_n))$$

eine K-lineare Abbildung auf C. Ferner ist α injektiv, da $f \in K[x]_{k-1}$ höchstens $k - 1$ Nullstellen hat und nach Voraussetzung $k - 1 < n$ gilt. Somit ist C ein Vektorraum der Dimension k.

Dasselbe Nullstellenargument zeigt, dass jedes Codewort $c_f \in C$ mindestens $n - (k-1)$ Einträge ungleich 0 hat. Also ist die Minimaldistanz von C größer oder gleich $n - k + 1$. Für das Polynom $f = \prod_{i=1}^{k-1}(x - a_i)$ gilt $\operatorname{wt}(c_f) = n - k + 1$. Somit hat C die Minimaldistanz $d = n - k + 1$, und C ist ein $[n, k, n - k + 1]$-Code über K. Man beachte, dass C die Singleton-Schranke mit Gleichheit erfüllt, also ein MDS-Code ist. Eine andere Reihenfolge der a_i in C führt zu einem äquivalenten Code von C und somit zu nichts neuem. Daher haben wir bewusst C mit der Menge $\mathcal{M}$ indiziert.

Sei $C_{\mathcal{M}}$ ein $[n, k, n - k + 1]$-Reed-Solomon-Code über $K = \mathbb{F}_q$. Durch Anfügen einer geeigneten Spalte an eine Erzeugermatrix erhält man einen $[n + 1, k, n - k + 2]$-MDS-Code (siehe Aufgabe 13). Somit können wir MDS-Codes der Länge $n = q + 1$ konstruieren, indem wir mit $\mathcal{M} = K$ starten. Eine tiefliegende Vermutung ist nun:

Die MDS-Vermutung

Sei $2 \leq k \leq q - 1$ und C ein MDS-Code über $\mathbb{F}_q$ der Länge n und der Dimension k. Dann gilt

$$n \leq \begin{cases} q + 2, & \text{falls } q \text{ gerade, und } k = 3 \text{ oder } k = q - 1 \text{ ist,} \\ q + 1, & \text{sonst.} \end{cases}$$

Den Ausnahmefall q gerade und $k = 3$ konstruieren wir in Aufgabe 15. Ein Dualitätsargument liefert den anderen Ausnahmefall q gerade und $k = q - 1$ (siehe Aufgabe 34 im Abschnitt 5).

Bemerkung. Statt $\mathcal{M}$ wie bei den Reed-Solomon-Codes als Teilmenge von K zu wählen, können wir $\mathcal{M}$ als Teilmenge der Nullstellenmenge einer planaren Kurve $f \in K[x,y]$ nehmen, d.h.

$$\mathcal{M} \subseteq V(f) = \{P \mid P = (a,b) \in K^2, f(P) = f(a,b) = 0\}.$$

Man nennt $V(f)$ auch die *Varietät* von f.

Die Punkte in $\mathcal{M}$ werden nun nicht wie bei den RS-Codes in Polynome eingesetzt, sondern in gewisse rationale Funktionen, also in Funktionen der Form

$$r(x,y) = \frac{g(x,y)}{h(x,y)} \qquad \text{mit } g(x,y), h(x,y) \in K[x,y].$$

Dabei muss natürlich $h(P) \neq 0$ für alle $P \in \mathcal{M}$ sein. Der Vektorraum der rationalen Funktionen ist also sorgfältig zu wählen, worauf wir hier nicht eingehen können. Diese Vorgehensweise führt zu den sogenannten *Goppa-Codes*. Mittels dieser Methode lassen sich viele optimale lineare Codes konstruieren. Dabei bedeutet *optimal*: Sind zwei der drei relevanten Parameter n, k, d gegeben, so ist der dritte bestmöglich; zum Beispiel bei gegebenen n, k die Minimaldistanz d maximal. Wir können hier auf diesen interessanten Bereich der Codierungstheorie, indem die Theorie der algebraischen Kurven eine zentrale Rolle spielt, nicht eingehen und verweisen stattdessen auf die Darstellung in [42].

Reed-Muller-Codes, die 1954 von Reed [28] und Muller [27] beschrieben wurden, sind ebenfalls *Auswertungscodes*. Hier werden Polynome in mehreren Variablen, etwa $x_1, \ldots, x_m$ in allen Punkten des K^m ausgewertet. Um uns nicht in technischen Details zu verlieren, beschränken wir uns auf den binären Körper $K = \mathbb{F}_2$.

Sei $K[x_1, \ldots, x_m]$ der Polynomring in den Variablen $x_1, \ldots, x_m$ über K. Ist

$$0 \neq f = \sum k_{(e_1, \ldots, e_m)} x_1^{e_1} \ldots x_m^{e_m} \in K[x_1, \ldots, x_m],$$

so nennen wir $\operatorname{Grad} f = \max\{e_1 + \ldots + e_m \mid k_{(e_1, \ldots, e_m)} \neq 0\}$ den Grad von f und setzen den Grad des Nullpolynoms gleich $-\infty$. Sind $P_1, \ldots, P_n$ die sämtlichen Punkte des K^m (also $n = 2^m$), so betrachten wir für jedes $f \in K[x_1, \ldots, x_m]$ die Auswertung

$$f \mapsto c_f = (f(P_1), \ldots, f(P_n)) \in K^n,$$

wobei $f(P) = f(a_1, \ldots, a_m)$ für $P = (a_1, \ldots, a_m)$ ist. Da die Polynome x und x^2 die gleiche Funktion auf $K = \mathbb{F}_2$ beschreiben, benötigen wir für die Auswertung nur Polynome der Form

$$f = \sum_{0 \leq e_i \leq 1} k_{(e_1, \ldots, e_m)} x_1^{e_1} \ldots x_m^{e_m}.$$

Ist V der Vektorraum dieser Polynome und

$$V_r = \{f \mid f \in V, \operatorname{Grad} f \leq r\},$$

so gilt also $\dim V_r = \sum_{j=0}^{r} \binom{m}{j}$ und $\dim V = 2^m$.

Definition

Die Reed-Muller-Codes. Sei $K = \mathbb{F}_2$ und $m \in \mathbb{N}$. Für $r \in \mathbb{N}_0$ und $0 \leq r \leq m$ nennen wir

$$RM(r,m) = \{(f(P_1), \dots, f(P_n)) \mid f \in V_r\}$$

einen *Reed-Muller-Code r-ter Ordnung.*

Satz

Der Reed-Muller-Code $RM(r,m)$ ist linear und hat die Parameter

$$[2^m, \sum_{j=0}^{r} \binom{m}{j}, 2^{m-r}].$$

Beweis. Die Linearität ist klar nach der Definition und die Länge des Codes ist $n = |K^m| = 2^m$. Da die Auswertung wieder eine injektive Funktion ist, wie man sofort bestätigt, folgt

$$\dim RM(r,m) = \dim V_r = \sum_{j=0}^{r} \binom{m}{j}.$$

Es bleibt die Bestimmung der Minimaldistanz. Die Auswertung des Polynoms $f = x_1 \dots x_r$ hat offenbar das Gewicht 2^{m-r}. Per Induktion über m zeigen wir nun, dass jedes Polynom $0 \neq f \in V_r$ eine Auswertung vom Gewicht $\geq 2^{m-r}$ hat. Für $m = 0$ ist dies klar und wir nehmen an, dass es bereits für $RM(r, m-1)$ mit $m \geq 1$ und alle $0 \leq r \leq m-1$ gilt. Jedes $0 \neq f \in V_r$ läßt sich schreiben als

$$f = f(x_1, \dots, x_m) = g(x_1, \dots, x_{m-1}) + h(x_1, \dots, x_{m-1})x_m.$$

Wir berechnen nun $a + b$ für

$$a = |\{P = (*, \dots, *, 0) \mid P \in K^m, f(P) \neq 0\}|$$
$$b = |\{P = (*, \dots, *, 1) \mid P \in K^m, f(P) \neq 0\}|.$$

Ist $h = 0$, so folgt per Induktion $a, b \geq 2^{m-1-r}$, also $a + b \geq 2^{m-r}$. Ist $h \neq 0$, so folgt wieder per Induktion $a \geq 2^{m-1-r}$, falls $g \neq 0$ ist, und ebenfalls $b \geq 2^{m-1-r}$, falls $g + h \neq 0$ ist. Ist schließlich $g = 0$ oder $g = -h$, so ist Grad $h \leq r-1$ und die Induktion liefert $b \geq 2^{m-1-(r-1)} = 2^{m-r}$. $\qquad\square$

Beispiel

Mariner-Expeditionen. Der binäre Reed-Muller-Code $RM(1,5)$ mit den Parametern $[32, 6, 16]$ wurde bei den *Mariner-Expeditionen* zum Mars in den Jahren 1969 bis 1976 benutzt, um Bilder vom Planeten zur Erde zu senden. Wegen $7 \leq \frac{d-1}{2} = \frac{15}{2}$ konnten bis zu 7 Fehler korrigiert werden. Die $2^6 = 64$ Codeworte entsprachen dabei dem Grauwert eines Punktes im Bild. In den darauf folgenden *Voyager-Expeditionen* zum Uranus und Neptun wurde der $RM(1,5)$-Code durch die Verkettung eines $[255, 223, 33]$-Reed-Solomon-Codes über $\mathbb{F}_{2^8}$ mit einem Faltungscode ersetzt, welches auch zur Zeit der Drucklegung dieses Buches noch der Standard bei Übertragungen aus dem tiefen Weltraum ist.

Bemerkung (Reed-Muller-Codes in der Kryptographie). In der Kryptographie spielen *Boole'sche*[7] *Funktionen* eine zentrale Rolle, so etwa bei LFSR-basierten symmetrischen Verfahren (siehe Kapitel 4 in [8] und Abschnitt 11 dieses Buches). Dies sind Abbildungen $f : K^m \to K$, wobei $K = \mathbb{F}_2$ ist. Da f durch die Vorgabe seiner Werte in jedem Punkt des K^m bestimmt ist, gibt es 2^{2^m} Boole'sche Funktionen. Wegen $|\,\mathrm{RM}(m,m)| = 2^{2^m}$ läßt sich jede Boole'sche Funktion als Auswertung eines Polynoms im Vektorraum

$$V = \left\{ f = \sum_{0 \le e_i \le 1} k_{(e_1,\dots,e_m)} x_1^{e_1} \dots x_m^{e_m} \mid k_{(e_1,\dots,e_m)} \in K \right\}$$

schreiben. Nun möchte man bei einer Verschlüsselung einer Nachricht ziemlich viel *Verwirrung* stiften. Man ist also an solchen $f \in V$ interessiert, die möglichst weit von den einfach strukturierten affin linearen Funktionen $\ell = k_0 + k_1 x_1 + \dots + k_m x_m$ mit $k_i \in K$ entfernt sind, d.h. für die

$$\min_{\ell \in V_1} \mathrm{d}(c_f, c_\ell)$$

maximal wird, wobei $c_g = (g(P_1), \dots, g(P_n))$. Nun läßt sich zeigen, dass

$$(*) \qquad \min_{l \in V_1} \mathrm{d}(c_f, c_\ell) \le 2^{m-1} - 2^{\frac{m}{2}-1}$$

ist (siehe [8], Kapitel 4). Funktionen f, bei denen in $(*)$ Gleichheit gilt, heißen *Bent-Funktionen*. Insbesondere gibt es solche höchstens für gerades m. Weiterhin kann man für Bent-Funktionen f zeigen, dass im Fall $m > 2$ stets $c_f \in \mathrm{RM}(\frac{m}{2}, m)$ gilt. Die Klassifikation dieser in der Kryptographie wichtigen Funktionen ist ein schwieriges Problem.

Wir haben bei der Konstruktion der Hamming-, der Reed-Solomon- und der Reed-Muller-Codes an manchen Stellen willkürliche Wahlen getroffen, etwa in der Auswahl und der Anordnung der Vertreter der eindimensionalen Unterräume bei den Hamming-Codes, oder der Anordnung der Elemente aus $\mathcal{M}$ bei den Reed-Solomon-Codes, oder der Anordnung der Punkte des K^n in der Definition der Reed-Muller-Codes. Dass dies keinen Einfluß auf die relevanten Daten der Codes hat, werden wir nun vermöge des Äquivalenzbegriffs zeigen.

Seien $C, C' \le K^n$. Ferner sei $M \in (K)_{n,n}$ eine Matrix, die vermöge der Abbildung $c \to c' = cM$ den Code C bijektiv auf C' abbildet. Ist M zusätzlich *gewichtserhaltend*, d.h. es gilt

$$\mathrm{wt}(c) = \mathrm{wt}(cM) = \mathrm{wt}(c')$$

für alle $c \in C$, so müssen wir nicht zwischen C und C' unterscheiden, denn sämtliche Abstände bleiben unter der Abbildung M erhalten wegen

$$\mathrm{d}(c,\bar{c}) = \mathrm{wt}(c - \bar{c}) = \mathrm{wt}((c - \bar{c})M) = \mathrm{wt}(cM - \bar{c}M) = \mathrm{d}(cM, \bar{c}M)$$

für alle $c, \bar{c} \in C$. Es gilt nun der folgende Satz, für dessen Beweis wir auf ([44], Abschnitt 4.1.2) verweisen:

---

[7]George Boole (1815–1864) Cork (Irland). Begründer der mathematischen Logik. Boole'sche Algebren haben weitreichende Anwendungen in elektronischen Schaltkreisen und Computern.

Satz

Äquivalenzsatz von MacWilliams. Gibt es ein gewichtserhaltendes M, welches C auf C' abbildet, so kann M derart gewählt werden, dass es sogar auf ganz K^n gewichtserhaltend ist, dass also

$$\mathrm{wt}(aM) = \mathrm{wt}(a)$$

für alle $a \in K^n$ gilt.

Die gewichtserhaltenden linearen Abbildungen von K^n nach K^n lassen sich leicht angeben.

Lemma

Sei $M \in (K)_{n,n}$. Gilt $\mathrm{wt}(aM) = \mathrm{wt}(a)$ für alle $a \in K^n$, so hat M in jeder Zeile und in jeder Spalte genau einen Eintrag aus $K \setminus \{0\}$. Derartige Matrizen nennt man *monomial*. Sie bilden eine Gruppe, die sogenannte *monomiale Gruppe*.

Beweis. Sei $e_i = (0, \dots, 0, 1, 0, \dots, 0)$ mit der 1 in der Stelle i. Wegen

$$1 = \mathrm{wt}(e_i) = \mathrm{wt}(e_i M)$$

hat der Vektor $e_i M$ genau einen Eintrag ungleich 0. Da dies für alle i gilt, hat M in jeder Zeile genau einen Eintrag ungleich 0. Ferner kann M nur den Nullvektor auf den Nullvektor abbilden, da das Gewicht erhalten bleibt. Somit ist M invertierbar. Dies bedeutet, dass M auch in jeder Spalte ein Element ungleich 0 haben muss. Also hat M in jeder Zeile und jeder Spalte genau ein Element ungleich 0. Die monomialen Matrizen M bilden eine Gruppe, da mit M auch M^{-1} wegen

$$\mathrm{wt}(a) = \mathrm{wt}((aM^{-1})M) = \mathrm{wt}(aM^{-1})$$

monomial ist. $\qquad\square$

Nach Definition ist die Matrix

$$M = \begin{pmatrix} 0 & 1 & 0 & 0 \\ 0 & 0 & 0 & 2 \\ 0 & 0 & 2 & 0 \\ 3 & 0 & 0 & 0 \end{pmatrix}$$

monomial über $K = \mathbb{F}_5$. Ihre Wirkung auf $a = (a_1, \dots, a_4) \in K^4$ ist

$$aM = (a_1, \dots, a_4) \begin{pmatrix} 0 & 1 & 0 & 0 \\ 0 & 0 & 0 & 2 \\ 0 & 0 & 2 & 0 \\ 3 & 0 & 0 & 0 \end{pmatrix} = (3a_4, a_1, 2a_3, 2a_2).$$

Eine monomiale Matrix vertauscht also die Einträge und multipliziert mit Elementen ungleich 0 in den Koordinaten. Beim Hamming-Code entspricht eine andere Anordung der Elemente gerade einer Vertauschung der Koordinaten; eine andere

Wahl der Vertreter der eindimensionalen Unterräume bedeutet eine Multiplikation mit einem $a \in K \setminus \{0\}$ in der entsprechenden Koordinate.

Seien $C, C' \leq K^n$. Dann heißen C und C' *äquivalent*, falls es eine monomiale Matrix $M \in (K)_{n,n}$ gibt mit $CM = C'$. **Definition**

Während Vektorräume als gleich anzusehen sind, wenn sie isomorph zueinander sind, sind lineare Codes als gleich anzusehen, wenn sie äquivalent zueinander sind. Andere Wahlen bei den Hamming-, Reed-Solomon- oder Reed-Muller-Codes führen zu äquivalenten, also gleichen Codes.

Übungsaufgaben

Aufgabe 10. Sei C ein $[n = \frac{q^k-1}{q-1}, n-k, 3]$-Code mit $k \geq 2$. Zeigen Sie, dass C ein Hamming-Code ist.

Aufgabe 11. Sei C ein $[n,k]$-Code. Beweisen Sie, dass C bis auf Äquivalenz eine Erzeugermatrix der Form $G = (E_k \ *)$ hat, wobei E_k die Einheitsmatrix vom Typ (k,k) ist. Man nennt G auch *in systematischer Form*.

Aufgabe 12. Sei C der binäre $[7,4,3]$-Hamming-Code.

a) Geben Sie eine Kontrollmatrix für C an.

b) Geben Sie eine Erzeugermatrix für C an.

c) Bestimmen Sie ein System von Nebenklassenführern und deren Syndrome.

d) Decodieren Sie mittels der Syndrom-Decodierung

$$(1,1,0,0,1,1,0), \ (1,1,1,0,1,1,0) \text{ und } (1,1,1,1,1,1,0).$$

Aufgabe 13. Sei $C = C_{\mathcal{M}}$ ein $[n, k, n-k+1]$-Reed Solomon Code zur n-elementigen Menge $\mathcal{M} = \{a_1, \dots, a_n\} \subseteq K$. Zeigen Sie:

a) Die Matrix G ist eine Erzeugermatrix für C:

$$G = \begin{pmatrix} 1 & \dots & 1 \\ a_1 & \dots & a_n \\ a_1^2 & \dots & a_n^2 \\ \vdots & & \vdots \\ a_1^{k-1} & \dots & a_n^{k-1} \end{pmatrix} \qquad (\textit{Vandermonde-Matrix}[8]).$$

---

[8] Alexandre Théophile Vandermonde (1735–1796) Paris. Hauptsächlich Musiker. Schrieb in den Jahren 1771/72 vier mathematische Arbeiten über Gleichungen.

b) Es gilt:

$$\det \begin{pmatrix} 1 & \cdots & 1 \\ a_1 & \cdots & a_n \\ a_1^2 & \cdots & a_n^2 \\ \vdots & & \vdots \\ a_1^{n-1} & \cdots & a_n^{n-1} \end{pmatrix} \neq 0 \qquad \textit{(Vandermonde-Determinante)}.$$

c) Die Matrix

$$\begin{pmatrix} 1 & \cdots & 1 & 0 \\ a_1 & \cdots & a_n & 0 \\ a_1^2 & \cdots & a_n^2 & 0 \\ \vdots & & \vdots & \vdots \\ a_1^{k-1} & \cdots & a_n^{k-1} & 1 \end{pmatrix}$$

ist Erzeugermatrix eines $[n+1, k, n-k+2]$-MDS-Codes.

Aufgabe 14. Sei $K = \{a_1, \ldots, a_q\}$ ein Körper mit $q = 2^l$-Elementen. Beweisen Sie, dass

$$G = \begin{pmatrix} 1 & \cdots & 1 & 0 & 0 \\ a_1 & \cdots & a_q & 1 & 0 \\ a_1^2 & \cdots & a_q^2 & 0 & 1 \end{pmatrix}$$

Erzeugermatrix eines $[q+2, 3, q]$-MDS-Codes ist.

Aufgabe 15. Sei $K = \mathbb{F}_2$.

a) **(Plotkin-Konstruktion)** Für $i = 1, 2$ seien $[n, k_i, d_i]$-Codes C_i über K gegeben. Zeigen Sie, dass

$$C = C_1 \propto C_2 = \{ (c_1, c_1 + c_2) \mid c_i \in C_i \} \leq K^{2n}$$

ein $[2n, k_1 + k_2, \min\{2d_1, d_2\}]$-Code ist.

b) Für $m \in \mathbb{N}$ sei $RM(0, m)$ der $[2^m, 1, 2^m]$-Wiederholungscode und weiterhin $RM(m, m) = K^{2^m}$. Für $0 \leq r \leq m - 1$ definieren wir rekursiv

$$RM(r, m) = RM(r, m-1) \propto RM(r-1, m-1.)$$

Beweisen Sie, dass $RM(r, m)$ ein $[2^m, \sum_{j=0}^{r} \binom{m}{j}, 2^{m-r}]$-Code ist.
(Die so konstruierten Codes sind äquivalent zu den Reed-Muller-Codes; daher die gleiche Bezeichnung.)

Aufgabe 16. Zeigen Sie, dass für $m = 2$ das Polynom $f = x_1 x_2$ und für $m = 4$ das Polynom $f = x_1 x_2 + x_3 x_4$ Bent-Funktionen sind.

Aufgabe 17. Wieviele Tipps muss man beim Fußballtoto mit 13 Spielen abgeben, damit man bei beliebigem Ausgang der Spiele wenigstens 12 „Richtige" hat?
Hinweis: Geeigneter Hamming-Code über $\mathbb{Z}_3 = \{0, 1, 2\}$.

3
Der CD-Spieler

In diesem Abschnitt beschäftigen wir uns mit einer interessanten Anwendung der Reed-Solomon-Codes, nämlich der Fehlerkorrektur in einem CD-Spieler. Im Unterschied zu vielen anderen Anwendungen treten Fehler auf einer CD meist nicht vereinzelt auf, sondern, verursacht durch Kratzer, Staub oder auch Fingerabdrücke, in gehäufter Form, also in sogenannten Bündeln, d.h. vielfach sind mehrere hundert Bits in Folge zerstört. Um präzise zu sein, nennen wir einen Vektor $v \in K^n$ ein *Bündel der Länge b*, falls

$$v = (0, \ldots, 0, v_i, \ldots, v_{i+b-1}, 0, \ldots, 0)$$

mit $v_i \neq 0 \neq v_{i+b-1}$. Ein *Fehlerbündel der Länge b* ist dementsprechend ein Fehlervektor, deren von 0 verschiedene Einträge sich in b aufeinanderfolgenden Koordinaten befinden. Zur Korrektur derartiger Fehler eignet sich das sogenannte *Interleaving*, welches die Bündelfehler verteilt, so dass sie beim Decodierer als zufällige Einzelfehler auftreten.

Interleaving
Sei C ein $[n,k,d]$-Code und $t \in \mathbb{N}$. Dann nennt man den $[tn,tk,d]$-Code

$$C(t) = \{ (c_{11}, \ldots, c_{t1}, \ldots, c_{1n}, \ldots, c_{tn}) \mid (c_{i1}, \ldots, c_{in}) \in C \text{ für } i = 1, \ldots, t\}$$

Interleaving von C *zur Tiefe t*.

Die Codeworte aus $C(t)$ sind also die spaltenweise gelesenen Einträge der Matrizen

$$\begin{pmatrix} c_{11} & \cdots & c_{1n} \\ \vdots & & \vdots \\ c_{t1} & \cdots & c_{tn} \end{pmatrix}$$

mit Zeilen aus C. Kann C Fehlerbündel bis zur Länge b korrigieren, so sind mit $C(t)$ solche bis zur Länge tb korrigierbar, da diese höchstens b aufeinanderfolgende Einträge in jeder Zeile beeinflussen. Man beachte hier, daß durch das Interleaving nicht die Korrektur von zufälligen Fehlern verbessert wird, da C und $C(t)$ die gleiche Minimaldistanz haben, sondern die Bündellänge der korrigierbaren Fehler. In der Praxis werden beim Interleaving $C(t)$ die Codeworte aus C entsprechend der Nachricht zunächst zeilenweise in eine Matrix mit t Zeilen geschrieben und dann spaltenweise verschickt. Bei dieser Vorgehensweise muß eine zeitliche Verzögerung wegen des Aufbaus der Matrizen in Kauf genommen werden. Einen derartigen Nachteil gibt es beim *verzögerten Interleaving* $C(n)$ nicht. Bezeichnet $(c_{i,1}, \ldots, c_{i,n})$ das i-te zu sendende Codewort, so werden die Codeworte nacheinander diagonal in ein Array der Form

$$\begin{array}{cccc} \cdots & c_{i,1} & c_{i+1,1} & \cdots \\ \cdots & c_{i,2} & c_{i+1,2} & \cdots \\ & \cdots & c_{i,3} & c_{i+1,3} & \cdots \\ & & \ddots & \\ & \cdots & c_{i,n} & c_{i+1,n} & \cdots \end{array}$$

geschrieben. Durch jedes neue Codewort wird bei dieser Implementierung eine neue Spalte erzeugt, die gesendet werden kann. Statt wie hier 1-fach zu verzögern, kann man natürlich auch mehrfach verzögern, welches zur Folge hat, daß die Fehler im Bündel auf mehrere Codeworte verteilt werden. Die ersten beiden Zeilen beim 2-fach verzögerten Interleaving sind also

$$
\begin{array}{cccccc}
\dots & c_{i,1} & c_{i+1,1} & \dots & \dots & \dots \\
\dots & \dots & c_{i,2} & c_{i+1,2} & \dots
\end{array}
$$

Die Compact Disc (CD)

Auf einer CD ist die digitale Information auf einer spiralförmig verlaufenden Spur in Form von Vertiefungen, den *Pits*, und Nicht-Vertiefungen, den *Lands*, abgespeichert. Das linke Bild zeigt einen Teil einer CD unter dem Elektronenmikroskop. Die Übergänge Pit/Land beziehungsweise Land/Pit markieren dabei eine Eins, gefolgt von Nullen auf den Pits beziehungsweise Lands. Ein Bit entspricht dabei ungefähr der Länge von $0.3\,\mu m = 0{,}0003\,mm$.

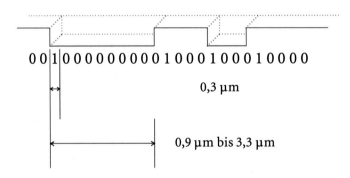

Bei einer Spurlänge von etwa 5 km sind auf einer CD somit ungefähr 17 Milliarden Bits abgespeichert, die wir *Kanalbits* nennen. Die CD wird bei einer Geschwindigkeit von etwa 1.2 m/s von einem Photodetektor anhand der Intensität eines reflektierten Laserstrahls gelesen. Bei den Pits wird das Licht infolge von Interferenzen weniger stark reflektiert als bei den Lands. Die korrekte Lesbarkeit der Folge mittels des Lasers erfordert, dass zwischen zwei Einsen mindestens $r = 2$ Nullen stehen müssen, die Synchronisation verlangt, dass höchstens $s = 10$ Nullen stehen dürfen. Ein Pit beziehungsweise Land hat somit eine Länge zwischen $0.9\,\mu m$ und $3.3\,\mu m$ und ist $0.6\,\mu m$ breit. Der Abstand zwischen zwei benachbarten Spuren misst ungefähr $1\,\mu m$.

Für die Abspeicherung auf der CD wird die Amplitude des Musiksignals mit einer Frequenz von 44.1 kHz in den beiden Stereokanälen abgetastet und vermöge eines Analog-Digital-Wandlers über die binäre Darstellung in einen 16-Bit Vektor umgewandelt.

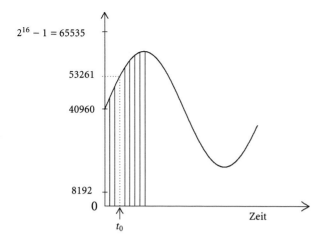

Ist zur Zeit t_0 die Amplitude $53261 = 2^0 + 2^2 + 2^3 + 2^{12} + 2^{14} + 2^{15}$, so ist

$$(1,0,1,1,0,0,0,0,0,0,0,0,1,0,1,1)$$

der zugehörige 16-Bit Vektor. Die hohe Abtastfrequenz von 44.1 kHz ist Folge des Satzes von Nyquist-Shannon, der besagt, dass ein analoges Signal mit maximaler Frequenz f mindestens $2f$-mal abgetastet werden muss, damit man aus dem zeitdiskreten Signal das Ursprungsignal ohne Informationsverlust rekonstruieren kann. Die maximale menschliche Hörfrequenz von etwa 22 kHz verlangt also eine Abtastrate oberhalb von 44 kHz.

Lesen wir nun 8 aufeinanderfolgende Bits als ein Element im Körper $\mathbb{F}_{2^8}$, so werden je Abtastung 4 Elemente in $\mathbb{F}_{2^8}$ erzeugt (2 pro Stereokanal). Je 6 Abtastungen werden dann zu einem sogenannten *Audiowort* der Länge 24 über $\mathbb{F}_{2^8}$ zusammengefasst und mit einem CIRC (*Cross Interleaved Reed-Solomon-Code*), den wir im Folgenden beschreiben, codiert. Ein Audiowort besteht also aus 192 *Audiobits*.

Zur Codierung verwenden wir einen [32,28,5]-Code C_1 und einen [28,24,5]-Code C_2, beide über dem Körper $\mathbb{F}_{2^8}$. Diese beiden MDS-Codes lassen sich leicht aus einem Reed-Solomon-Code konstruieren (siehe Aufgabe 18). Die Audioworte der Länge 24 über $\mathbb{F}_{2^8}$ werden mittels des Codes C_2 zu Worten der Länge 28 codiert und einem 4-fachen verzögerten Interleaving zur Tiefe 28 unterzogen. Die Spalten in dem Interleaving-Schema, die die Länge 28 haben, werden dann mittels des Codes C_1 zu Worten der Länge 32 codiert. Ein derartiges Verschachteln von Codes wird auch *Cross Interleaving* genannt. An jedes so erhaltene Codewort wird ein Element aus $\mathbb{F}_{2^8}$ angehängt, welches Display-Informationen enthält. Insgesamt führen also 6 Abtastungen zu einem Vektor der Länge 33 über $\mathbb{F}_{2^8}$, oder äquivalent dazu, zu einem binären Vektor der Länge $33 \times 8 = 264$.

Ein solcher Vektor kann jedoch nicht unmittelbar auf eine CD übertragen werden, da die anfangs erwähnte Bedingung $r = 2$ und $s = 10$ zum korrekten Lesen durch den Laser nicht erfüllt ist. Man kann dies jedoch mit dem sogenannten EFM-Verfahren (*Eight to Fourteen Modulation*) erreichen. Dabei werden 8 aufeinanderfolgende Bits in 14 umgewandelt, die der Forderung $r = 2$ und $s = 10$ genügen. Damit die Übergänge zwischen zwei 14-Bit-Vektoren ebenfalls die Bedingung erfüllen, werden zwischen diesen nochmals 3 Bits geeignet eingefügt, so dass in der ganzen Folge zwei Einsen stets durch mindestens 2 und höchstens 10 Nullen getrennt sind. Das Zufügen von zwei geeigneten Bits hätte hier gereicht. Es wird aber ein Bit mehr eingefügt, und die

Auswahl der 3 Bits zwischen zwei Vektoren wird so getroffen, dass die Gesamtlänge von Pits und die Gesamtlänge von Lands vom Beginn der Folge bis zum zweiten 14-Bit-Vektor etwa gleich sind. Dies ist ein technischer Trick, um den Laser in der Spur zu halten. Wir erhalten so bei 6 Abtastungen $33 \times (14 + 3) = 561$ Bits. An diese werden noch 24 Bits für die Synchronisation und weitere 3 Pufferbits angehängt, so dass wir ingesamt 588 Kanalbits bei 6 Abtastungen erhalten. Pro Sekunde werden also $(44100 \times 588)/6 = 4321800$ Kanalbits erzeugt.

Zum Verständnis der Decodierung benötigen wir nun das folgende Resultat, welches zeigt, dass man mit dem gleichen Code mehr Auslöschungen als Fehler korrigieren kann. Dabei spricht man von *a Auslöschungen* bei einem Vektor, wenn genau a Koordinaten nicht korrekt gelesen werden können. Eine Verallgemeinerung des folgenden Resultates enthält Aufgabe 20.

Lemma

> Ein $[n,k,d]$-Code über einem beliebigen Körper K kann bis zu $d - 1$ Auslöschungen korrigieren, sofern keine weiteren Fehler passieren.

Beweis. Sei $c = (c_1, \ldots, c_n) \in C$ gesendet. Angenommen, c wird als $\underline{c}$ mit $a \leq d - 1$ Auslöschungen empfangen, etwa $\underline{c} = (*, \ldots, *, c_{a+1}, \ldots, c_n)$, wobei der Stern eine Auslöschung anzeigt. Ist $c' \in C$ mit $\underline{c}' = (*, \ldots, *, c_{a+1}, \ldots, c_n)$, so gilt offenbar $d(c, c') \leq a \leq d - 1$, also $c = c'$. $\square$

Die Decodierung im CD-Spieler

Der Code C_1 der Länge 32 wird zur Erkennung eines Fehlers benutzt. Stellt er einen derartigen fest, so wird im Interleaving-Schema das zugehörige Codewort (eine Spalte der Länge 28) als Auslöschung betrachtet. Nehmen wir einmal an, wir hätten beim Cross Interleaving nicht 4-fach verzögert, sondern nur 1-fach. Sind dann 4 aufeinanderfolgende Worte der Länge 32 alle inkorrekt, so werden 4 Spalten im Interleaving-Schema als ausgelöscht betrachtet. Diese Auslöschungen verteilen sich aber auf verschiedene Codeworte der Länge 28, wobei jedes einzelne Codewort höchstens 4 Auslöschungen enthält. Da der Code C_2 die Minimaldistanz 5 hat, kann er nach dem vorstehenden Lemma diese 4 Auslöschungen korrigieren. Ingesamt können so $32 \times 4 \times 8 = 1024$ Bits in Folge richtig decodiert werden. Durch die 4-fache Verzögerung dürfen nicht nur 4, sondern 16 aufeinanderfolgende Spalten im Interleaving-Schema ausgelöscht sein. Somit sind $32 \times 16 \times 8 = 4096$ Kanalbits rekonstruierbar. Diese 4096 Bits sind wegen der EFM und den weiteren Bits für Synchronisation, Display, usw. in genau $588 \times 16 = 9408$ Kanalbits enthalten. Somit kann der Audioinhalt, der auf einer Spurlänge von $9408 \times 0{,}3\,\mu\text{m} = 2.8\,\text{mm}$ abgespeichert ist, komplett rekonstruiert werden. Für mehr Details verweisen wir auf das Buch [19].

Übungsaufgaben

Aufgabe 18. a) Sei C ein $[n,k,d]$-Code über dem Körper K und $n \geq 2$. Beweisen Sie, dass der verkürzte Code

$$\overline{C} = \{(c_1, \ldots, c_{n-1}) \mid (c_1, \ldots, c_{n-1}, 0) \in C\} \leq K^{n-1}$$

die Dimension $k - 1$ oder k hat und mindestens die Minimaldistanz d.

b) Weisen Sie die Existenz eines [32,28,5]- und eines [28,24,5]-Codes über dem Körper $\mathbb{F}_{2^8}$ nach.

Hinweis zu b): Es gibt einen Reed-Solomon-Code der Länge 256 und der Dimension 252 über $\mathbb{F}_{2^8}$.

Aufgabe 19. Testen Sie die Güte der Decodierung eines CD-Spielers, indem Sie eine alte, wegwerfbare (aus reiner Vorsicht, falls Sie etwas zerstören), aber noch voll funktionsfähige CD abspielen, auf die Sie vorher radial einen Papierstreifen etwa der Breite eines halben Millimeters geklebt haben. Wieviele Bit in Folge haben Sie dann zerstört?

Aufgabe 20. Zeigen Sie die folgende Verallgemeinerung des Lemmas: Sei $C \subseteq K^n$ mit der Minimaldistanz $d \geq 2e + a + 1$, wobei $e, a \in \mathbb{N}_0$ sind. Dann kann C gleichzeitig e Fehler und a Auslöschungen korrigieren.

◼ 4
LDPC-Codes

LDPC-Codes (*Low Density Parity Check*) sind binäre lineare Codes, deren Kontroll-matrizen wenig Einsen als Eintrag haben, also dünn besetzt sind. Sie wurden bereits 1963 von Gallager [16] definiert, hatten allerdings in den ersten Jahren nach ihrer Entdeckung wenig Beachtung gefunden. Das derzeitige zunehmende Interesse an diesen Codes besteht aufgrund sehr schneller Decodieralgorithmen, was bei Anwen-dungen, bei denen die Decodierung im Vordergrund steht, von besonderem Vorteil ist.

Jeden binären Code C der Länge n kann man über eine gegebene Kontrollmatrix $H = (h_{ij})$, die nun mehr als $\dim C$ Zeilen haben darf (sie enthält eventuell redundan-te Kontrollgleichungen), mittels eines *bipartiten Graphen* $\Gamma(C)$, auch *Tanner-Graph* genannt, beschreiben. Dieser hat die (linke) Eckenmenge $V = \{x_1, \ldots, x_n\}$ (*die Va-riablen*), die (rechte) Eckenmenge $W = \{y_1, \ldots, y_k\}$ (*die Nebenbedingungen*) und Kanten $(x_i, y_j) \in V \times W$, falls $h_{ji} = 1$ ist. Die Kontrollmatrix

$$H = \begin{pmatrix} 1 & 0 & 1 & 0 & 1 & 0 \\ 0 & 1 & 0 & 0 & 0 & 1 \\ 0 & 0 & 1 & 1 & 0 & 1 \end{pmatrix}$$

bestimmt also eindeutig den Tanner-Graphen

und umgekehrt. Offenbar ist $(x_1, \ldots, x_n) \in \mathbb{F}_2^n$ genau dann im Code C, wenn alle Nebenbedingungen Null sind.

Definition

Wir nennen einen bipartiten Graphen mit den Eckenmengen V, W beziehungsweise den über die zugehörige Kontrollmatrix definierten binären Code (l,r)-*regulär*, falls jede Ecke in V den Grad l hat, d.h. von jeder Ecke in V gehen genau l Kanten aus, und falls jede Ecke in W den Grad r hat.

Die Kontrollmatrix eines (l,r)-regulären binären Codes der Länge n mit k Kontrollgleichungen hat also genau l Einsen in jeder Spalte und r Einsen in jeder Zeile. Zählen wir alle Einsen in dieser Matrix zeilen- beziehungsweise spaltenweise zusammen, so erhalten wir $rk = nl$. Ferner vermerken wir, dass bei festen l und r, aber wachsendem n, die Kontrollmatrizen immer dünner besetzt werden. Damit die zugehörigen Codes gute Korrektureigenschaften haben, insbesondere bis zu $\frac{d-1}{2}$ Fehler schnell korrigiert werden können, wobei d die Minimaldistanz ist, benötigen wir eine Expansionseigenschaft für Graphen.

Definition

Ein (l,r)-regulärer bipartiter Graph mit den Eckenmengen V, W und $|V| = n$ heißt ein (n,l,r,α,δ)-*Expander*, wobei $\alpha, \delta = \delta(\alpha) > 0$ sind, falls für jede linke Eckenmenge $\varnothing \neq U \subseteq V$ mit $|U| \leq \alpha |V|$ die Abschätzung

$$|\partial U| > \delta |U|$$

gilt. Dabei bezeichnet ∂U die Nachbarschaft von U, d.h. die Menge aller Ecken in W, die mit mindestens einer Ecke in U verbunden sind. Man nennt δ auch *Ausdehnungsfaktor* des Expanders. Grob gesprochen besagt also ein Expander, dass linke Ecken (bis zu einer gewissen Anzahl) mit genügend vielen rechten Ecken durch Kanten verbunden sind.

Beispiel

Expander. In diesem Abschnitt betrachten wir durchgehend den folgenden $(2,3)$-regulären bipartiten Graphen. Für $\alpha = 2/9$ können wir jedes $\delta < \frac{3}{2}$ als Ausdehnungsfaktor wählen (siehe Aufgabe 21).

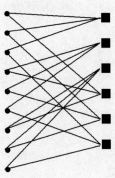

Der Graph ist also für jedes $\delta < \frac{3}{2}$ ein $(9,2,3,\frac{2}{9},\delta)$-Expander.

Jeder Expander E definiert nach den Ausführungen zu Beginn dieses Abschnitts eine Kontrollmatrix und damit einen binären linearen Code $C(E)$, den wir *Expander-Code* nennen. Nun gilt:

> Sei E ein (n,l,r,α,δ)-Expander mit $\delta \geq \frac{1}{2}$. Dann hat der Expander-Code $C(E)$ die Rate $R \geq 1 - \frac{l}{r}$ und die Minimaldistanz $d > \alpha n$. Insbesondere kann $C(E)$ bis zu $\frac{\alpha n}{2}$ Fehler korrigieren.
>
> Satz

Beweis. Wegen $nl = rk$ wird $C(E)$ durch $k = \frac{nl}{r}$ Gleichungen beschrieben, die jedoch nicht unbedingt unabhängig voneinander sein müssen. Somit folgt

$$\dim C(E) \geq n - \frac{nl}{r} = n\left(1 - \frac{l}{r}\right),$$

also $R = \frac{\dim C(E)}{n} \geq 1 - \frac{l}{r}$.

Wir zeigen nun $d > \alpha n$. Angenommen, es existiert ein $0 \neq v \in C(E)$ mit $\mathrm{wt}(v) \leq \alpha n$. Sei U die Menge der Variablen, die in v mit dem Wert 1 vorkommen. In diesen Variablen beginnen $l|U|$ Kanten. Die Expander-Eigenschaft besagt, dass diese Kanten in mehr als $\frac{l}{2}|U|$ Nebenbedingungen enden. In jeder dieser Nebenbedingungen können aber nicht 2 Kanten enden, da die $l|U|$ Kanten dann in höchstens $\frac{l}{2}|U|$ enden würden. Somit existiert mindestens eine Nebenbedingung, in der weniger als 2 Kanten enden, also nur eine. Diese Nebenbedingung hat für v den Wert 1, also $v \notin C(E)$, entgegen der Voraussetzung. $\qquad\square$

Expander-Code. Als E wählen wir den obigen $(9,2,3,\frac{2}{9},\delta)$-Expander mit $\delta < \frac{3}{2} = \frac{3}{4}l$. Nach dem vorstehenden Satz hat dann der Expander-Code $C = C(E)$ eine Rate $\geq \frac{1}{3}$, also eine Dimension ≥ 3 und eine Minimaldistanz $d > \alpha n = 2$, also $d \geq 3$. Man rechnet nach, dass C ein $[9,4,4]$-Code ist (siehe Aufgabe 22).

Beispiel

Expander-Codes gestatten schnelle Decodieralgorithmen, was sie für die Anwendungen besonders interessant macht. Wir geben hier ein einfaches Verfahren an:

Iteratives Decodierverfahren

Sei C der Expander-Code $C(E)$ zum (n,l,r,α,δ)-Expander E. Wir sagen, dass eine Nebenbedingung für $v = (v_1, \ldots, v_n) \in \mathbb{F}_2^n$ *korrekt* ist, falls die Nebenbedingung für v den Wert 0 hat. Anderenfalls (also mit Wert 1) nennen wir sie *inkorrekt*. Man decodiert nun wie folgt:

Algorithmus:

Sei $v \in \mathbb{F}_2^n$ ein empfangenes Wort.

Schritt 1: Berechne alle Nebenbedingungen für v.

Schritt 2: Suche eine Variable x_i, die in mehr inkorrekten Nebenbedingungen als korrekten vorkommt. Gibt es keine solche Variable, so Stop.

Schritt 3: Ändere den Wert dieser Variablen in v.

Schritt 4: Gehe zu Schritt 1.

Wir zeigen im Folgenden, dass der Algorithmus bis zu $\frac{\alpha n}{2}$ Fehler korrigiert, falls der Ausdehnungsfaktor $\delta = \frac{3}{4}l$ ist:

Sei dazu $v = (v_1, \ldots, v_n) \in \mathbb{F}_2^n$, welches sich an höchstens $\frac{\alpha n}{2}$ Stellen von einem Codewort c unterscheidet. Wir nennen die Variablen, in denen sich v von c unterscheidet, *korrupt*. In jeder Abfolge der Schritte 1, 2, 3 wird v zu einem neuen v geändert, indem ein Eintrag geflippt wird, d.h. 0 zu 1 oder 1 zu 0. Wir sagen, dass der Algorithmus im *Zustand* (t, s) ist, falls sich v von c an t Stellen unterscheidet und s Nebenbedingungen inkorrekt sind.

Der Algorithmus sei im Zustand (t, s) mit $t < \alpha n = \alpha|V|$. Sei k die Anzahl der korrekten Nebenbedingungen, in denen korrupte Variablen vorkommen. Der Ausdehnungsfaktor $\delta = \frac{3}{4}l$ liefert dann

(i)
$$s + k > \frac{3}{4}lt,$$

da die t korrupten Variablen Kanten zu $s + k$ Nebenbedingungen haben. Man beachte nun: In einer korrekten Nebenbedingung, in der eine korrupte Variable vorkommt, muß mindestens eine zweite korrupte vorkommen, und in einer inkorrekten Nebenbedingung wenigstens eine korrupte Variable. Dies liefert für die Anzahl tl der Nebenbedingungen mit korrupten Variablen

(ii)
$$lt \geq s + 2k.$$

Aus (ii) und (i) folgt, dass $tl \geq s + k + k > \frac{3}{4}lt + k$, also $k < \frac{1}{4}lt$ ist. Die Abschätzung (i) ergibt nun

(iii)
$$s > \frac{lt}{2}.$$

Dies besagt, dass eine korrupte Variable existiert, für die mehr als die Hälfte der Kanten in inkorrekten Nebenbedingungen enden. Nun wird nach Schritt 3 des Algorithmus eine Variable geflippt, aber nicht notwendig eine korrupte. Wie auch immer verkleinert das Flippen den Wert von s.

Damit der Algorithmus mit $s = 0$ terminiert, d.h. alle Nebenbedingungen erfüllt sind, bleibt also zu zeigen, dass während der Iteration stets $t < \alpha n$ bleibt. Angenommen, $t \geq \alpha n$. Dann folgt aus (iii), dass

$$s > \frac{lt}{2} \geq \frac{l\alpha n}{2},$$

also ein Widerspruch, da beim Start des Algorithmus $s \leq \frac{l\alpha n}{2}$ ist und s während der Iteration immer kleiner wird.

Beispiel **Decodierung.** Die Nebenbedingungen für $C(E)$ in unserem Beispiel sind

1.	$x_1 + x_2 + x_3$	4.	$x_1 + x_4 + x_7$
2.	$x_4 + x_5 + x_6$	5.	$x_2 + x_5 + x_8$
3.	$x_7 + x_8 + x_9$	6.	$x_3 + x_6 + x_9$

Wir decodieren nun das Wort $v = (0,0,1,1,1,0,0,1,1)$, welches einen Fehler enthält. Die erste und vierte Nebenbedingung sind für v inkorrekt, alle anderen korrekt. Da x_1 in den korrekten Nebenbedingungen nicht vorkommt, sollten wir $x_1 = 0$ in $x_1 = 1$ ändern und erhalten das Wort $c = (1,0,1,1,1,0,0,1,1)$, für welches bereits alle Nebenbedingungen korrekt sind. Somit wird v zu c decodiert. Bereits der erste Schritt in der Iteration führt hier zum Ziel.

Bemerkung. In den Anwendungen ist die Länge n meist groß. Ferner darf α nach dem Satz dieses Abschnitts nicht allzu klein sein, damit möglichst viele Fehler korrigierbar sind. Damit das Iterationsverfahren der Decodierung funktioniert, benötigt man einen großen Ausdehnungsfaktor δ. Das Problem besteht somit in der Konstruktion von Expandern mit vielen linken Ecken und großem Ausdehnungsfaktor $\delta = \delta(\alpha)$ bei nicht allzu kleinem α. Dies kann man mit den sogenannten *Ramanujan-Graphen*[9] [25] erreichen, auf die wir hier allerdings nicht eingehen können.

Übungsaufgaben

Aufgabe 21. Zeigen Sie, dass der $(2,3)$-reguläre bipartite Graph des durchgehend betrachteten Beispiels für $\alpha = \frac{2}{9}$ jedes $\delta < \frac{3}{2}$ als Ausdehnungsfaktor hat.

Aufgabe 22. Beweisen Sie, dass der Expander-Code $C(E)$ des Beispiels die Parameter $[9,4,4]$ hat.

Aufgabe 23. Decodieren Sie im Beispiel dieses Abschnitts das empfangene Wort $v = (1,0,1,1,1,0,1,0,1)$, indem Sie zunächst x_2 flippen. Der Algorithmus liefert dann ein Codewort, welches nicht notwendigerweise das Gesendete ist. Was ist der Grund?

Aufgabe 24. Sei C der binäre Code zur Kontrollmatrix

$$
H = \left(\begin{array}{cccccccccccccccc}
1 & 1 & 1 & 1 & & & & & & & & & & & & \\
 & & & & 1 & 1 & 1 & 1 & & & & & & & & \\
 & & & & & & & & 1 & 1 & 1 & 1 & & & & \\
 & & & & & & & & & & & & 1 & 1 & 1 & 1 \\
1 & & & & 1 & & & & 1 & & & & 1 & & & \\
 & 1 & & & & 1 & & & & 1 & & & & 1 & & \\
 & & 1 & & & & 1 & & & & 1 & & & & 1 & \\
 & & & 1 & & & & 1 & & & & 1 & & & & 1 \\
1 & & & & & & & & 1 & & & & 1 & & & 1 \\
 & 1 & & & & & & & & 1 & & & 1 & 1 & & \\
 & & 1 & & & & & & 1 & 1 & & & & & 1 & \\
 & & & 1 & 1 & & & & & & 1 & & & & & 1
\end{array}\right).
$$

a) Zeigen Sie, dass C ein $[16,6,6]$-Code ist.
b) Zeichnen Sie den Expander-Graphen zu H und bestimmen Sie einen möglichst großen Ausdehnungsfaktor δ für $\alpha = 1/4$.
c) Decodieren Sie $(1,1,0,0,1,0,1,0,0,1,1,0,0,0,0,1)$.

---

[9]Srinivasa Aiyangar Ramanujan (1887–1920) Indien. Eines der größten mathematischen Genies Indiens. Zahlentheorie, Kettenbrüche, unendliche Reihen.

■ 5
Duale Codes

In vielen Bereichen der Mathematik ist Dualität ein nützliches und äußerst hilfreiches Konzept, so auch in der Codierungstheorie. Durch den Übergang von einem Code C zu seinem dualen Code $C^\perp$ können unter Umständen Probleme einfacher gelöst werden, zum Beispiel, wenn der duale Code eine einfachere Struktur als der Ausgangscode hat. Hierauf werden wir im nächsten Abschnitt zurückkommen. Die selbstdualen Codes, für die $C = C^\perp$ gilt, verdienen besonderes Interesse, denn sie besitzen eine besondere Struktur und haben Verbindungen zu vielen anderen interessanten Objekten. Als solche werden wir die erweiterten Golay-Codes kennenlernen. Die perfekten Golay-Codes entstehen aus diesen durch Streichen einer Koordinate.

Der duale Code wird über eine nicht-ausgeartete Bilinearform, die vollkommen analog zum euklidischen Skalarprodukt gebildet ist, beschrieben. Wir definieren also $\langle -,- \rangle : K^n \times K^n \longrightarrow K$ durch

$$\langle u,v \rangle = \sum_{i=1}^{n} u_i v_i$$

für $u = (u_1, \ldots, u_n)$ und $v = (v_1, \ldots, v_n)$. Man beachte, dass $\langle -,- \rangle$ eine symmetrische, nicht-ausgeartete K-Bilinearform auf K^n ist (Aufgabe 25). Dabei bedeutet nicht-ausgeartet, dass aus der Bedingung $\langle u,v \rangle = 0$ für alle $u \in K^n$ stets $v = 0$ folgt.

Im Gegensatz zu euklidischen Vektorräumen können nun Vektoren $v \neq 0$ auf sich selbst senkrecht stehen, d.h. es kann $\langle v,v \rangle = 0$ für $v \neq 0$ passieren. Man wähle etwa $v = (1,1) \in \mathbb{F}_2^2$. Dann ist $\langle v,v \rangle = 1 + 1 = 0$.

Definition

Sei K ein beliebiger Körper und $n \in \mathbb{N}$.

a) Für $C \subseteq K^n$ heißt $C^\perp = \{u \mid u \in K^n, \langle u,c \rangle = 0 \text{ für alle } c \in C\}$ der *duale Code* zu C.

b) Wir nennen $C \subseteq K^n$ *selbstdual*, falls $C = C^\perp$ gilt.

Man beachte, dass $C^\perp$ stets ein K-Vektorraum ist, auch wenn C nur eine Teilmenge von K^n ist. Insbesondere ist ein selbstdualer Code immer linear.

Satz

Sei C ein $[n,k]$-Code über dem Körper K. Dann gilt:

a) Eine Matrix H ist genau dann eine Kontrollmatrix für C, wenn H eine Erzeugermatrix für $C^\perp$ ist.

b) Ist $(E_k \mid A)$ eine Erzeugermatrix für C (dies können wir bis auf Äquivalenz stets erreichen; siehe Aufgabe 11 im Abschnitt 2), so ist $(-A^T \mid E_{n-k})$ eine Erzeugermatrix für $C^\perp$.

Beweis. a) Sei H eine Kontrollmatrix für C vom Rang $n - k$. Nach Aufgabe 26 gilt

$$\dim C^\perp = n - \dim C = n - k = \operatorname{Rg} H.$$

Da offenbar die Zeilen von H in $C^\perp$ liegen, bilden die Zeilen von H eine Basis von $C^\perp$, d.h. H ist eine Erzeugermatrix für $C^\perp$. Die Umkehrung folgt ähnlich.
b) Es gilt

$$(-A^T \mid E_{n-k})(E_k \mid A)^T = (-A^T \mid E_{n-k}) \begin{pmatrix} E_k \\ A^T \end{pmatrix} = -A^T + A^T = 0$$

und die Aussage in b) folgt mit a). $\qquad\square$

Im Folgenden nennen wir den dualen Code des Hamming-Codes $\operatorname{Ham}_q(k)$ einen *Simplex-Code* und bezeichnen ihn mit $\operatorname{Sim}_q(k)$.

Es gilt: Lemma

a) Ist $0 \neq c \in \operatorname{Sim}_q(k)$, so gilt $\operatorname{wt}(c) = q^{k-1}$. Es gibt also nur ein nicht-triviales Gewicht.
b) Der Simplex-Code $\operatorname{Sim}_q(k)$ hat die Parameter $[n = \frac{q^k-1}{q-1}, k, q^{k-1}]$.

Beweis. Die Aussage über die Dimension in b) folgt direkt aus dem obigen Satz.
Wir zeigen nun, daß alle vom Nullvektor verschiedenen Codeworte das Gewicht q^{k-1} haben. Sei H eine Kontrollmatrix für $\operatorname{Ham}_q(k)$, also eine Erzeugermatrix für $\operatorname{Sim}_q(k)$. Ferner seien z_i für $i = 1, \ldots, k$ die Zeilen von H und sei

$$0 \neq c = (c_1, \ldots, c_n) = \sum_{i=1}^k a_i z_i = \sum_{i=1}^k a_i(z_{i1}, \ldots, z_{in}) \in \operatorname{Sim}_q(k).$$

Offenbar ist

$$U = \{(b_1, \ldots, b_k)^T \mid b_i \in K, \ \sum_{i=1}^k a_i b_i = 0\}$$

ein $(k-1)$-dimensionaler Unterraum des K^k, enthält also $\frac{q^{k-1}-1}{q-1}$ der Spalten h_j von H. Genau dann gilt $c_j = 0$, wenn $h_j \in U$ ist. Dies zeigt

$$\operatorname{wt}(c) = n - \frac{q^{k-1}-1}{q-1} = \frac{q^k-1}{q-1} - \frac{q^{k-1}-1}{q-1} = q^{k-1}. \qquad\square$$

Bei der Bestimmung der Minimaldistanz ist es oft hilfreich im voraus zu wissen, welche Gewichte höchstens auftreten können. Dazu definieren wir:

Ein Code C heißt *r-dividierbar* ($r \in \mathbb{N}$), falls für alle $c \in C$ die Bedingung   Definition
$r \mid \operatorname{wt}(c)$ gilt.

Lemma **Dividierbarkeitslemma.** Sei $C = C^{\perp}$ ein selbstdualer binärer Code der Länge n. Dann gilt:

a) C ist 2-dividierbar.
b) Ist $4 \mid \text{wt}(c)$ für alle c aus einer Basis von C, so ist C ein 4-dividierbarer Code.

Beweis. a) Sei $c = (c_1, \ldots, c_n) \in C$. Wegen $K = \mathbb{F}_2$ erhalten wir

$$0 = \langle c, c \rangle = \sum_{j=1}^{n} c_j^2 = \sum_{c_j \neq 0} 1 = \text{wt}(c) \, 1,$$

also $2 \mid \text{wt}(c)$.
b) Die Behauptung folgt, falls wir für $c, c' \in C$ mit $4 \mid \text{wt}(c)$ und $4 \mid \text{wt}(c')$ auch $4 \mid \text{wt}(c + c')$ zeigen können.

Sei also $4 \mid \text{wt}(c)$ und $4 \mid \text{wt}(c')$. Für $c = (c_1, \ldots, c_n) \in C$ setzen wir nun $\text{Tr}(c) = \{i \mid c_i \neq 0\}$ (Träger von c). Dann gilt

$$\text{wt}(c + c') = \text{wt}(c) + \text{wt}(c') - 2 \, | \, \text{Tr}(c) \cap \text{Tr}(c')|.$$

Die Selbstdualität von C liefert $0 = \langle c, c' \rangle = \sum_{c_j = c'_j = 1} 1 = |\text{Tr}(c) \cap \text{Tr}(c')| \, 1$, also $2 \mid |\text{Tr}(c) \cap \text{Tr}(c')|$. Damit ist die Behauptung gezeigt. □

Beispiel Die Matrix

$$G = \begin{pmatrix} 1 & 1 & 0 & 1 & 0 & 0 & 0 \\ 0 & 1 & 1 & 0 & 1 & 0 & 0 \\ 0 & 0 & 1 & 1 & 0 & 1 & 0 \\ 0 & 0 & 0 & 1 & 1 & 0 & 1 \end{pmatrix}$$

ist eine Erzeugermatrix des binären [7,4,3]-Hamming-Codes C (siehe letztes Beispiel im Abschnitt 1). Wir fügen nun an jedes Codewort ein Kontrollbit an und erhalten den sogenannten *erweiterten Hamming-Code*

$$\widehat{C} = \{(c_1, \ldots, c_8) \mid (c_1, \ldots, c_7) \in C, \sum_{j=1}^{8} c_i = 0\}.$$

Offenbar ist

$$\widehat{G} = \begin{pmatrix} 1 & 1 & 0 & 1 & 0 & 0 & 0 & 1 \\ 0 & 1 & 1 & 0 & 1 & 0 & 0 & 1 \\ 0 & 0 & 1 & 1 & 0 & 1 & 0 & 1 \\ 0 & 0 & 0 & 1 & 1 & 0 & 1 & 1 \end{pmatrix}$$

eine Erzeugermatrix für $\widehat{C}$. Seien z_i für $i = 1, \ldots, 4$ die Zeilen von $\widehat{G}$. Wegen $\langle z_i, z_j \rangle = 0$ für alle $i, j = 1, \ldots, 4$ ist $\widehat{C} \subseteq \widehat{C}^\perp$. Es gilt sogar $\widehat{C} = \widehat{C}^\perp$ wegen

$$4 = \dim \widehat{C} \leq \dim \widehat{C}^\perp = 8 - \dim \widehat{C} = 4.$$

Ferner haben alle Zeilenvektoren in $\widehat{G}$ das Gewicht 4. Somit ist $\widehat{C}$ wegen des Dividierbarkeitslemmas sogar 4-dividierbar und hat die Parameter [8,4,4].

Die binären Golay-Codes. Sei $K = \mathbb{F}_2$ der binäre Körper. *Beispiel*
a) Sei $C_1 \leq K^8$ erzeugt von

$$G_1 = \begin{pmatrix} 1 & 1 & 0 & 1 & 0 & 0 & 0 & 1 \\ 0 & 1 & 1 & 0 & 1 & 0 & 0 & 1 \\ 0 & 0 & 1 & 1 & 0 & 1 & 0 & 1 \\ 0 & 0 & 0 & 1 & 1 & 0 & 1 & 1 \end{pmatrix}.$$

Dann ist C_1 wegen des vorhergehenden Beispiels ein selbstdualer [8,4,4]-Code. Sei $C_2 \leq K^8$ erzeugt von

$$G_2 = \begin{pmatrix} 0 & 0 & 0 & 1 & 0 & 1 & 1 & 1 \\ 0 & 0 & 1 & 0 & 1 & 1 & 0 & 1 \\ 0 & 1 & 0 & 1 & 1 & 0 & 0 & 1 \\ 1 & 0 & 1 & 1 & 0 & 0 & 0 & 1 \end{pmatrix}.$$

Da C_2 aus C_1 durch die Permutation $(c_1, c_2, \ldots, c_7, c_8) \mapsto (c_7, c_6, \ldots, c_1, c_8)$ entsteht, ist C_2 ebenfalls ein selbstdualer [8,4,4]-Code.

Ferner sieht man zum Beispiel durch Lösen eines linearen Gleichungssystems, dass

$$(1) \qquad C_1 \cap C_2 = \{(0, \ldots, 0), (1, \ldots, 1)\}.$$

b) Wir setzen nun

$$\widehat{C} = \{(c_1 + c_2, c_1' + c_2, c_1 + c_1' + c_2) \mid c_1, c_1' \in C_1, c_2 \in C_2\} \leq K^{24}.$$

Da die Codeworte

$$(2) \qquad (c_1, 0, c_1), \ (0, c_1', c_1') \text{ und } (c_2, c_2, c_2)$$

eine Basis von $\widehat{C}$ enthalten, gilt $\dim \widehat{C} = 12$ (siehe Aufgabe 30). Wegen a) und $|K| = 2$ sind die Vektoren aus (2) paarweise orthogonal zueinander. Somit ist $\widehat{C}$ ein selbstdualer [24,12]-Code.

Es bleibt die Bestimmung des Minimalgewichts von $\widehat{C}$. Da die Codeworte aus (2) alle ein durch 4 teilbares Gewicht haben, ist $\widehat{C}$ wegen des Dividierbarkeitslemmas ein 4-dividierbarer Code. Wir zeigen nun, dass kein Codewort vom Gewicht 4 existiert. Wegen $\operatorname{wt}(x + y) = \operatorname{wt}(x) + \operatorname{wt}(y) - 2 \,|\operatorname{Tr}(x) \cap \operatorname{Tr}(y)|$ für

$x, y \in K^8$ haben die Komponenten $c_1 + c_2$, $c_1' + c_2$ und $c_1 + c_1' + c_2$ in

$$0 \neq c = (c_1 + c_2, c_1' + c_2, c_1 + c_1' + c_2)$$

alle ein gerades Gewicht. Sind alle drei Komponenten ungleich 0, so folgt $\mathrm{wt}(c) \geq 8$, da C 4-dividierbar ist. Sei also mindestens eine der Komponenten gleich 0. Die Bedingung (1) erzwingt dann $c_2 = (0, \ldots, 0)$ oder $c_2 = (1, \ldots, 1)$. In beiden Fällen folgt nun leicht $\mathrm{wt}(c) \geq 8$. Da $\widehat{C}$ auch Codeworte vom Gewicht 8 enthält, ist $\widehat{C}$ ein selbstdualer $[24, 12, 8]$-Code. Er heißt *binärer erweiterter Golay-Code*.

c) Der Code $C \leq K^{23}$ entstehe aus $\widehat{C}$ durch Streichen der letzten Koordinate. Wir erhalten dann nach Konstruktion von C_1, C_2 und $\widehat{C}$ einen $[23, 12, 7]$-Code. Dieser Code, genannt der *binäre Golay-Code*, ist perfekt, denn es gilt die Kugelpackungsgleichung

$$2^{23} = |K|^{23} = |C| \sum_{j=0}^{3} \binom{23}{j} = 2^{12} 2^{11}.$$

Bemerkung. Der binäre erweiterte Golay-Code C ist aus mathematischer Sicht ein höchst interessantes Objekt. Ist $\rho : \mathbb{Z}^{24} \to K^{24}$ die Reduktion modulo 2 in jeder Koordinate, also $x \to x + 2\mathbb{Z} \in \mathbb{Z}_2 = K$ für $x \in \mathbb{Z}$, so definiert

$$\Gamma_C = \frac{1}{\sqrt{2}} \rho^{-1}(C)$$

das berühmte *Leech-Gitter*[10]. Die Automorphismengruppe von Γ_C ist im wesentlichen die einfache *Conway-Gruppe* Co_1 und die Automorphismengruppe von C ist die einfache *Mathieu-Gruppe*[11] M_{24}. Die Menge der Codeworte vom Gewicht 8 in C bilden ein $S(5, 8, 24)$ *Steiner-System*[12], auch *Witt-Design*[13] genannt. Der erweiterte Golay-Code gestattet also Verbindungen zu interessanten Objekten der Gittertheorie, der Gruppentheorie und der endlichen Geometrie. Ähnliche Zusammenhänge gelten auch für die anderen Golay-Codes, insbesondere die ternären Golay-Codes, die wir in der Aufgabe 31 behandeln. Den interessierten Leser verweisen wir auf das weiterführende Buch [12].

Übungsaufgaben

Aufgabe 25. Zeigen Sie, dass die Bilinerform $\langle -, - \rangle$ mit $\langle u, v \rangle = \sum_{i=1}^{n} u_i v_i$ für $u, v \in K^n$ nicht-ausgeartet ist.

Aufgabe 26. Sei $C \leq K^n$. Beweisen Sie, dass $\dim C^{\perp} = n - \dim C$ ist. Insbesondere gilt also $(C^{\perp})^{\perp} = C$.

---

[10] John Leech (1926–1992) Stirling. Entdeckte das Leech-Gitter.

[11] Emile Léonard Mathieu (1835–1890) Besançon, Nancy. Gruppentheorie, entdeckte 5 einfache sporadische Gruppen, mathematische Physik.

[12] Jacob Steiner (1796–1863) Berlin. Projektive Geometrie, Kombinatorik.

[13] Ernst Witt (1911–1991) Hamburg. Quadratische Formen, Witt-Vektoren.

Aufgabe 27. Sei C ein binärer Code der Länge n mit $C \subseteq C^\perp$. Beweisen Sie die folgenden Aussagen:

a) $(1, \ldots, 1) \in C^\perp$.

b) Ist C selbstdual, so gibt es für alle $i = 0, \ldots, n$ eine Bijektion zwischen der Menge der Codeworte vom Gewicht i auf die Menge der Codeworte vom Gewicht $n - i$.

Aufgabe 28. Sei C ein binärer 4-dividierbarer Code. Zeigen Sie, dass $C \subseteq C^\perp$ ist.

Aufgabe 29. Beweisen Sie, dass ein ternärer selbstdualer Code 3-dividierbar ist.

Aufgabe 30. Zeigen Sie, dass der erweiterte binäre Golay-Code (letztes Beispiel dieses Abschnitts) die Dimension 12 hat.

Aufgabe 31. (Die ternären Golay-Codes)
Sei $\widehat{C}$ der ternäre Code mit der Erzeugermatrix

$$\begin{pmatrix} 1 & & & & & 1 & 1 & 1 & 1 & 1 & 0 \\ & 1 & & & & 0 & 1 & -1 & -1 & 1 & -1 \\ & & 1 & & & 1 & 0 & 1 & -1 & -1 & -1 \\ & & & 1 & & -1 & 1 & 0 & 1 & -1 & -1 \\ & & & & 1 & -1 & -1 & 1 & 0 & 1 & -1 \\ & & & & & 1 & 1 & -1 & -1 & 1 & 0 & -1 \end{pmatrix}.$$

Zeigen Sie:

a) $\widehat{C}$ ist ein selbstdualer Code.

b) $\widehat{C}$ hat die Parameter $[12, 6, 6]$. (Die Bestimmung der Minimaldistanz erfordert etwas Arbeit.)

c) Streichen der letzten Koordinate in $\widehat{C}$ liefert einen $[11, 6, 5]$-Code C.

d) C ist perfekt.

Man nennt C den *ternären Golay-Code* und $\widehat{C}$ den *erweiterten ternären Golay-Code*.

Aufgabe 32. a) Sei $C \leq K^n$ ein Code der Dimension $k \geq 1$. Zeigen Sie: Genau dann ist C ein MDS-Code, wenn $C^\perp$ ein MDS-Code ist.

b) Weisen sie für $q = 2^l$ mit $l \in \mathbb{N}$ die Existenz eines $[q + 2, q - 1, 4]$-MDS-Codes über $\mathbb{F}_q$ nach. (Vergleiche MDS-Vermutung.)

Aufgabe 33. Beweisen Sie, dass der Duale eines Reed-Solomon-Codes (bis auf Äquivalenz) auch ein Reed-Solomon-Code ist.

Hinweis: Benutzen Sie die Erzeugermatrix aus Aufgabe 13 im Abschnitt 2. Ist

$$\begin{pmatrix} 1 & \ldots & 1 \\ a_1 & \ldots & a_n \\ a_1^2 & \ldots & a_n^2 \\ \vdots & & \vdots \\ a_1^{n-2} & \ldots & a_n^{n-2} \end{pmatrix} \begin{pmatrix} v_1 \\ \vdots \\ v_n \end{pmatrix} = 0,$$

so gilt

$$
\begin{pmatrix}
v_1 & \dots & v_n \\
a_1 v_1 & \dots & a_n v_n \\
a_1^2 v_1 & \dots & a_n^2 v_n \\
\vdots & & \vdots \\
a_1^{n-k-1} v_1 & \dots & a_n^{n-k-1} v_n
\end{pmatrix}
\begin{pmatrix}
1 & a_1 & \dots & a_1^{k-1} \\
1 & a_2 & \dots & a_2^{k-1} \\
\vdots & \vdots & & \vdots \\
1 & a_n & \dots & a_n^{k-1}
\end{pmatrix} = 0.
$$

■ 6
Gewichtspolynome und Decodierfehler

Aus der Sicht der Anwendungen wird die Güte eines Codes $C \subseteq K^n$ unter anderem auch an der Häufigkeit von Fehlern, die der Empfänger beim Decodieren macht, gemessen. Für lineare Codes sind derartige Fehlerwahrscheinlichkeiten abhängig von der sogenannten *Gewichtsverteilung* $(A_0, \dots, A_n)$, wobei

$$
A_i = |\{c \mid c \in C, \, \mathrm{wt}(c) = i\}|
$$

ist. Das zugehörige Polynom

$$
A_C(x) = \sum_{i=0}^{n} A_i x^i
$$

heißt das *Gewichtspolynom* von C. In der Regel ist die Bestimmung der A_i ein äußerst schwieriges Problem.

Sei C ein linearer Code über dem Körper $K = \mathbb{F}_q$ mit der Gewichtsverteilung $(A_0, \dots, A_n)$. Zur Übertragung liege ein q-närer symmetrischer Kanal mit der Symbolfehlerwahrscheinlichkeit p vor. Dann gilt:

Lemma

> Die Wahrscheinlichkeit, dass ein Übertragungsfehler unentdeckt bleibt, ist
>
> $$
> \sum_{i=1}^{n} A_i \left(\frac{p}{q-1} \right)^i (1-p)^{n-i}.
> $$

Beweis. Genau dann bleibt ein Übertragungsfehler unentdeckt, wenn der Empfänger ein anderes als das gesendete Codewort empfängt. Die Wahrscheinlichkeit, dass $c \in C$ gesendet wird, aber $c' \in C$ mit $c \neq c'$ und $\mathrm{wt}(c - c') = i$ beim Empfänger ankommt, ist $(\frac{p}{q-1})^i (1-p)^{n-i}$. Da es für c' genau A_i Möglichkeiten gibt, folgt die Behauptung. $\square$

Neben der Wahrscheinlichkeit von unentdeckten Übertragungsfehlern tragen die Decodierfehlerwahrscheinlichkeiten entscheidend zur Gütebewertung bei. Dies ist die Wahrscheinlichkeit, dass ein empfangenes Wort nicht zum tatsächlich gesendeten Codewort decodiert wird. Bei der ML-Decodierung, für die es bis heute ohnehin bei großen Längen n keine praktikablen Decodierverfahren gibt, sind nur Schranken bekannt, so dass ein Gütevergleich zwischen zwei Codes nicht exakt durchgeführt werden kann. Schnelle Decodieralgorithmen (siehe Abschnitt 9) kennt man hingegen für viele Codes, sofern man nur bis zu $t \leq \frac{d-1}{2}$ Fehler korrigiert, wobei d die Minimaldistanz ist. Wir nennen dies auch *BD-Decodierung* (*Bounded-Distance-Decodierung*). Hier kann es natürlich passieren, dass gewisse Worte nicht decodiert werden, wenn nämlich der Empfänger ein Wort erhält, welches nicht in einer t-Kugel um ein Codewort liegt. Es wird falsch decodiert, wenn es sich in einer t-Kugel um das nicht gesendete Codewort befindet. Im Gegensatz zur ML-Decodierung können wir nun die Decodierfehlerwahrscheinlichkeit exakt berechnen. Dazu müssen wir den Begriff *Decodierfehlerwahrscheinlichkeit* für eine BD-Decodierung mathematisch fassen.

Sei p wieder die Symbolfehlerwahrscheinlichkeit des Kanals. Ferner sei X das Ereignis ,gesendet das Codewort' und Y das Ereignis ,empfangen das Wort'. Decodieren wir nur bis zu t Fehlern, so liegt genau dann eine falsche Decodierung vor, wenn ein $w \in K^n$ mit $d(w,c') \leq t$ und $c' \in C$ empfangen wird, aber ein $c \neq c'$ gesendet wurde. Die Decodierfehlerwahrscheinlichkeit ist also die bedingte Wahrscheinlichkeit

$$P(C,t,p) = P\left(Y \in \bigcup_{c \neq c' \in C} B_t(c') \mid X = c\right).$$

Diese Wahrscheinlichkeit ist offenbar unabhängig vom gesendeten Codewort c, also

$$
\begin{aligned}
P(C,t,p) &= P\left(Y \in \bigcup_{c \neq c' \in C} B_t(c') \mid X = c\right) \\
&= P\left(Y \in \bigcup_{0 \neq c \in C} B_t(c) \mid X = 0\right).
\end{aligned}
$$

Es gilt nun:

Satz

BD-Decodierfehlerwahrscheinlichkeit. Sei C ein $[n,k,d]$-Code über dem Körper K mit $|K| = q$ und der Gewichtsverteilung $(A_0, \ldots, A_n)$. Weiterhin sei $t \in \mathbb{N}_0$ mit $t \leq \frac{d-1}{2}$. Dann ist die Decodierfehlerwahrscheinlichkeit $P(C,t,p)$ gleich

$$\sum_{i=1}^n A_i \sum_{j=0}^t \sum_{s=0}^j \left[\binom{i}{s} \left(\frac{p}{q-1}\right)^{i-s} \left(1 - \frac{p}{q-1}\right)^s \binom{n-i}{j-s} p^{j-s}(1-p)^{n-i-j+s} \right].$$

Beweis. Sei $c \in C$ mit $\mathrm{wt}(c) = i > 0$. Angenommen, das Codewort 0 wurde gesendet. Dann wird ein $w \in B_t(c)$ mit der Wahrscheinlichkeit

$$\sum_{j=0}^t \sum_{s=0}^j \left[\binom{i}{s} \left(\frac{p}{q-1}\right)^{i-s} \left(1 - \frac{p}{q-1}\right)^s \binom{n-i}{j-s} p^{j-s}(1-p)^{n-i-j+s} \right]$$

empfangen. Der erste Faktor

$$\binom{i}{s} \left(\frac{p}{q-1}\right)^{i-s} \left(1 - \frac{p}{q-1}\right)^s$$

kommt daher, dass an beliebigen s der i von 0 verschiedenen Koordinaten von c ein von c verschiedener Eintrag erscheint, der zweite

$$\binom{n-i}{j-s}p^{j-s}(1-p)^{n-i-j+s},$$

dass an den restlichen $n-i$ Koordinaten die 0 an beliebigen $j-s$ Stellen zu irgendeinem Eintrag ungleich 0 geändert wird. Man beachte dabei noch, dass $\binom{n-i}{j-s} = 0$ für $j - s > n - i$ ist.

Diese Wahrscheinlichkeit ist die gleiche für alle Codeworte vom Gewicht i. Dies sind A_i Vektoren. Die Summation über alle $i = 1, \ldots, n$ liefert dann die Behauptung des Satzes. $\square$

Möchte man zwei $[n,k,d]$ Codes C und C' mit den Gewichtsverteilungen $(A_0, \ldots, A_n)$ und $(A'_0, \ldots, A'_n)$ bezüglich ihrer Decodierfehlerwahrscheinlichkeiten vergleichen, so kann man im Prinzip den obigen Satz zur Berechnung heranziehen. Ein Problem bildet dabei die Symbolfehlerwahrscheinlichkeit p, die in der Regel nicht genau bekannt ist. Man kann jedoch zeigen, dass bei genügend kleinem p der Code C die kleinere Decodierfehlerwahrscheinlichkeit hat, falls seine Gewichtsverteilung lexikographisch kleiner als die von C' ist, d.h. $A_i = A'_i$ für $i = 0, \ldots, s$ für ein $s < n$, aber $A_{s+1} < A'_{s+1}$ (siehe dazu [14]).

Wie bereits zu Anfang des Abschnitts gesagt, gelingt die Berechnung der Gewichtsverteilung relativ selten. Eine Hilfe bietet unter Umständen der folgende Satz, den wir nicht beweisen wollen. Wir verweisen dazu auf ([44], Satz 3.2.2).

Satz

Dualitätssatz von MacWilliams. Sei C ein $[n,k]$-Code über einem Körper K mit q Elementen und dem Gewichtspolynom $A(x) = \sum_{j=0}^{n} A_j x^j$. Dann hat $C^\perp$ das Gewichtspolynom

$$\begin{aligned} A^\perp(x) &= q^{-k}(1 + (q-1)x)^n A\left(\frac{1-x}{1+(q-1)x}\right) \\ &= q^{-k} \sum_{j=0}^{n} A_j (1-x)^j (1+(q-1)x)^{n-j}. \end{aligned}$$

Die Berechnung des Gewichtspolynoms eines Hamming-Codes erfordert einiges an kombinatorischem Fingerspitzengefühl. Durch Übergang zum dualen Code, also zu einem Simplex-Code, läßt sich die Verteilung mittels des Dualitätssatzes leicht angeben.

Beispiel

Sei $C^\perp$ der binäre $[n = 2^k - 1, n - k, 3]$-Hamming-Code. Nach dem Lemma im Abschnitt 5 ist $C = (C^\perp)^\perp$ der binäre $[n,k,2^{k-1}]$-Simplex-Code und alle von Null verschiedenen Codeworte haben das Gewicht 2^{k-1}. Also gilt

$$A_C(x) = 1 + (2^k - 1)x^{2^{k-1}}.$$

Unter Beachtung von $n = 2^k - 1$ liefert der Dualitätssatz nun

$$
\begin{aligned}
A_{C^\perp}(x) &= \frac{1}{n+1}\left[(1+x)^n + n(1-x)^{2^{k-1}}(1+x)^{2^{k-1}-1}\right] \\
&= \frac{1}{n+1}\left[(1+x)^n + n(1-x)(1-x^2)^{\frac{n-1}{2}}\right] \\
&= \frac{1}{n+1}\left[\sum_{j=0}^{n}\binom{n}{j}x^j + n(1-x)\sum_{j=0}^{\frac{n-1}{2}}\binom{\frac{n-1}{2}}{j}(-1)^j x^{2j}\right].
\end{aligned}
$$

Für den Koeffizienten $A_i^\perp$ bei x^i in $A_{C^\perp}(x)$ ergibt sich so unmittelbar

$$
A_i^\perp = \begin{cases}
\dfrac{1}{n+1}\left[\binom{n}{i} + n(-1)^{\frac{i}{2}}\binom{\frac{n-1}{2}}{\frac{i}{2}}\right] & \text{für } i \text{ gerade,} \\[3ex]
\dfrac{1}{n+1}\left[\binom{n}{i} + n(-1)^{\frac{i+1}{2}}\binom{\frac{n-1}{2}}{\frac{i-1}{2}}\right] & \text{für } i \text{ ungerade.}
\end{cases}
$$

Bemerkung. Sei $n = 2k$ und $C = C^\perp$ ein selbstdualer $[n,k]$-Code über einem Körper mit q Elementen. Wegen des Dualitätssatzes gilt dann für das Gewichtspolynom

$$
\begin{aligned}
A(x) = A^\perp(x) &= q^{-k}\sum_{j=0}^{n}A_j(1-x)^j(1+(q-1)x)^{n-j} \\
&= q^{-k}\sum_{j=0}^{n}A_j\left(1 - jx + \binom{j}{2}x^2 + \ldots\right) \\
&\qquad \left(1 + (n-j)(q-1)x + \binom{n-j}{2}(q-1)^2 x^2 + \ldots\right).
\end{aligned}
$$

Dies zeigt:

$$
\begin{aligned}
1 = A_0 &= q^{-k}\sum_{j=0}^{n}A_j, \quad \text{(welches ohnehin bekannt ist)} \\
A_1 &= q^{-k}\sum_{j=0}^{n}A_j((n-j)(q-1) - j) \\
&= q^{-k}\sum_{j=0}^{n}A_j(n(q-1) - jq) \\
&= n(q-1) - q^{-k+1}\sum_{j=0}^{n}jA_j, \\
A_2 &= q^{-k}\sum_{j=0}^{n}A_j\left(-j(n-j)(q-1) + \binom{j}{2} + \binom{n-j}{2}(q-1)^2\right).
\end{aligned}
$$

Beispiel

Wir zeigen: Das Gewichtspolynom des binären erweiterten [24,12,8]-Golay-Codes C ist

$$A(x) = \sum_{i=0}^{24} A_i x^i = 1 + 759x^8 + 2576x^{12} + 759x^{16} + x^{24}:$$

Im Abschnitt 5 haben wir bereits bewiesen, dass C ein 4-dividierbarer Code ist. Ferner gilt $A_{24-i} = A_i$ für alle i (siehe Aufgabe 27 im Abschnitt 5). Somit erhalten wir

$$A(x) = 1 + Ax^8 + Bx^{12} + Ax^{16} + x^{24}.$$

Dabei gilt

$$(1) \qquad 2 + 2A + B = |C| = 2^{12}.$$

Da C selbstdual ist, liefert die Bemerkung

$$A_2 = 2^{-k} \sum_{i=0}^{n} A_i \left[-i(n-i) + \binom{i}{2} + \binom{n-i}{2} \right].$$

Für den erweiterten Golay-Code erhalten wir somit

$$(2) \qquad 0 = A_2 = 2^{-12}[552 + 40A - 12B] = 552 + 40A - 12B.$$

Auflösung des Gleichungssystems (1) und (2) liefert $A = 759$ und $B = 2576$.

Übungsaufgaben

Aufgabe 34. Zeigen Sie:
a) Der binäre [7,4,3]-Hamming-Code hat das dazugehörige Gewichtspolynom $A(x) = 1 + 7x^3 + 7x^4 + x^7$.
b) Wie sieht das Gewichtspolynom des binären erweiterten [8,4,4]-Hamming-Codes aus?

Aufgabe 35. Berechnen Sie für den binären [7,4,3]-Hamming-Code
a) die Wahrscheinlichkeit für einen unentdeckten Fehler, sowie
b) die Decodierfehlerwahrscheinlichkeit bei Korrektur eines Fehlers,
wenn zur Übertragung ein binär symmetrischer Kanal mit der Symbolfehlerwahrscheinlichkeit $p = 0.01$ benutzt wird.

Aufgabe 36. a) Sei $\{0\} \neq C$ ein perfekter $[n,k,d]$-Code über $\mathbb{F}_q$, wobei $d = 2e + 1$.
a) Zeigen Sie, dass im Fall eines binären Körpers $A_d = \frac{\binom{n}{e+1}}{\binom{d}{e}}$ ist.
b) Bestimmen Sie A_d für ein allgemeines q.
Hinweis zu a): Es gibt in $\mathbb{F}_2^n$ genau $\binom{n}{e+1}$ Vektoren vom Gewicht $e + 1$. Für $c \in C$ mit $\mathrm{wt}(c) = d$ betrachte man nun die Menge $\{v \mid v \in \mathbb{F}_2^n, \mathrm{wt}(v) = e + 1, \mathrm{d}(v,c) = e\}$.

Aufgabe 37. Beweisen Sie, dass der erweiterte ternäre $[12,6,6]$-Golay-Code das Gewichtspolynom

$$A(x) = 1 + 264x^6 + 440x^9 + 24x^{12}$$

hat.
Hinweis: Benutzen Sie die Bemerkung.

Aufgabe 38. Berechnen Sie A_5 und A_6 der Gewichtsverteilung des ternären perfekten $[11,6,5]$-Golay-Codes.
Hinweis: $A_5 + A_6 = 264$.

■ 7
Zyklische Codes

Zyklische Codes bilden in den Anwendungen eine wichtige Klasse von linearen Codes, da sie sich leicht implementieren lassen. Zu ihnen gehören unter anderem gewisse Reed-Solomon-Codes, die binären Hamming-Codes und die beiden perfekten Golay-Codes, wobei man eventuell auf einen äquivalenten Code übergehen muß.

Einen linearen Code C der Länge n über einem Körper K nennen wir *zyklisch*, **Definition** falls für jedes $(c_0, c_1, \dots, c_{n-1}) \in C$ stets $(c_{n-1}, c_0, c_1, c_2, \dots, c_{n-2}) \in C$ ist.

Mit einem Codewort c sind also auch alle Worte, die durch zyklische Vertauschungen der Koordinaten aus c entstehen, wieder Codeworte.

Der binäre $[6,2,3]$-Code bestehend aus den Codeworten **Beispiel**

$$(0,0,0,0,0,0), (0,1,1,0,1,0), (1,0,0,1,0,1), (1,1,1,1,1,1)$$

ist offenbar nicht zyklisch. Vertauschen wir jedoch die ersten beiden Koordinaten in den Codeworten (d.h. wir gehen zu einem äquivalenten Code über), so erhalten wir einen zyklischen Code.

Zyklische Codes lassen sich einfach beschreiben, wenn man die Codeworte $c = (c_0, \dots, c_{n-1}) \in C$ als *Codepolynome*

$$c(x) = \sum_{i=0}^{n-1} c_i x^i \in K[x]$$

auffasst. Wir werden also im Folgenden nicht mehr zwischen den Codeworten und den Codepolynomen unterscheiden. Ist $\bar{c} = (c_{n-1}, c_0, \dots, c_{n-2})$ die zyklische Vertauschung von $c \in C$, so gilt

$$xc(x) = \bar{c}(x) + c_{n-1}(x^n - 1) \equiv \bar{c}(x) \bmod (x^n - 1).$$

Insbesondere ist also für jedes $f(x) \in K[x]$ das Polynom $f(x)c(x) \bmod (x^n - 1)$, welches als eindeutiger Rest bei Division von $f(x)c(x)$ durch $x^n - 1$ entsteht und einen Grad kleiner als n hat, ebenfalls ein Codepolynom, also

$$(*) \qquad f(x)c(x) \bmod (x^n - 1) \in C.$$

Satz

Sei $\{0\} \neq C$ ein zyklischer Code der Länge n über K. Weiterhin sei das Polynom $0 \neq g(x) \in C$ normiert und von minimalem Grad in C. Insbesondere ist $g(x)$ dann eindeutig bestimmt und es gilt:

a) $x^n - 1 = g(x)h(x)$ mit $h(x) \in K[x]$.
b) $C = \{f(x)g(x) \mid f(x) \in K[x], \operatorname{Grad} f(x) < n - \operatorname{Grad} g(x)\}$.
c) $\dim C = n - \operatorname{Grad} g(x)$.

Das durch C eindeutig festgelegte Polynom $g(x)$ nennen wir das *Erzeugerpolynom*, das eindeutige festgelegte Polynom $h(x) = \frac{x^n - 1}{g(x)}$ das *Kontrollpolynom* von C.

Beweis. Das Polynom $g(x)$ ist eindeutig. Sonst gäbe es ein normiertes $h(x) \in C$ mit $h(x) \neq g(x)$ und $\operatorname{Grad} h(x) = \operatorname{Grad} g(x)$. Dann wäre $0 \neq g(x) - h(x) \in C$ mit $\operatorname{Grad}(g(x) - h(x)) < \operatorname{Grad} g(x)$, ein Widerspruch.
a) Die Division mit Rest liefert

$$x^n - 1 = h(x)g(x) + r(x),$$

wobei $h(x), r(x) \in K[x]$ und $\operatorname{Grad} r(x) < \operatorname{Grad} g(x)$. Insbesondere gilt also

$$h(x)g(x) \bmod (x^n - 1) = -r(x) \bmod (x^n - 1).$$

Die Bedingung $(*)$ liefert $-r(x) \in C$ wegen $g(x) \in C$. Die Minimalität von $\operatorname{Grad} g(x)$ erzwingt nun $r(x) = 0$ und die Aussage in a) ist bewiesen.
b) Ist $\operatorname{Grad} f(x) < n - \operatorname{Grad} g(x)$, so folgt $f(x)g(x) \in C$ unmittelbar aus $(*)$. Sei umgekehrt $c(x) \in C$. Dann liefert die Division von $c(x)$ durch $g(x)$ mit Rest

$$c(x) = f(x)g(x) + r(x)$$

mit $\operatorname{Grad} r(x) < \operatorname{Grad} g(x)$. Wegen $\operatorname{Grad} c(x), \operatorname{Grad} r(x) \leq n - 1$ erhalten wir $\operatorname{Grad} f(x)g(x) \leq n - 1$, also $f(x)g(x) \in C$. Somit ist $r(x) = c(x) - f(x)g(x) \in C$ und die Minimalität von $\operatorname{Grad} g(x)$ erzwingt wieder $r(x) = 0$. Damit ist b) gezeigt.
c) Wegen b) ist $g(x), g(x)x, \ldots, g(x)x^{n-1-\operatorname{Grad} g(x)}$ eine Basis von C. $\qquad\square$

Satz

Sei C ein zyklischer $[n,k]$-Code. Ferner sei $g = \sum_{i=0}^{n-k} g_i x^i$ das Erzeugerpolynom und $h = \sum_{i=0}^{k} h_i x^i$ das Kontrollpolynom von C. Dann ist

$$G = \begin{pmatrix} g_0 & g_1 & \cdots & g_{n-k} & 0 & \cdots & 0 \\ 0 & g_0 & g_1 & \cdots & g_{n-k} & \cdots & 0 \\ \vdots & \vdots & \ddots & & & \ddots & \vdots \\ 0 & 0 & \cdots & g_0 & g_1 & \cdots & g_{n-k} \end{pmatrix} \in (K)_{k,n}$$

eine Erzeugermatrix, und

$$H = \begin{pmatrix} h_k & h_{k-1} & \dots & h_0 & 0 & \dots & 0 \\ 0 & h_k & h_{k-1} & \dots & h_0 & \dots & 0 \\ \vdots & \vdots & \ddots & & & \ddots & \vdots \\ 0 & 0 & \dots & h_k & h_{k-1} & \dots & h_0 \end{pmatrix} \in (K)_{n-k,n}$$

eine Kontrollmatrix von C.

Beweis. Die Matrix G ist aufgrund der Beschreibung zyklischer Codes im ersten Satz dieses Abschnitts eine Erzeugermatrix für C. Die Gleichung

$$x^n - 1 = g(x)h(x) = \sum_{i=0}^{n} (\sum_{j=0}^{n-k} g_j h_{i-j}) x^i,$$

wobei alle nicht-definierten h_j gleich Null zu setzen sind, liefert durch Koeffizientenvergleich

$$\sum_{j=0}^{n-k} g_j h_{i-j} = 0 \text{ für alle } i = 1, \dots, n-1.$$

Dies ist gleichwertig mit $GH^T = 0$. Wegen $x^n - 1 = g(x)h(x)$ ist $g_0 h_0 = -1$, also $h_0 \neq 0$. Somit gilt Rg $H = n - k$ und H ist wegen $0 = HG^T$ eine Kontrollmatrix für C. $\qquad\square$

Die Matrix H ist nach dem ersten Satz im Abschnitt 5 eine Erzeugermatrix für $C^\perp$. Insbesondere ist also mit C auch der duale Code $C^\perp$ zyklisch und hat das Erzeugerpolynom

$$h_0^{-1}[h_k + h_{k-1}x + \dots + h_0 x^k] = h_0^{-1} x^k h\left(\frac{1}{x}\right),$$

da H und $h_0^{-1}H$ den gleichen Code erzeugen. Den Faktor h_0^{-1} benötigen wir, da Erzeugerpolynome per definitionem normiert sind. Das Polynom $h^*(x) = x^k h(\frac{1}{x})$ nennt man häufig auch das *duale Polynom zu* $h(x)$.

CRC-Codes (Cyclic Redundancy Check Codes)

a) Sei C ein zyklischer $[n,k]$-Code über K mit dem Erzeugerpolynom $g(x)$ vom Grad $n - k$. Eine Nachricht $a(x) = \sum_{i=0}^{k-1} a_i x^i$ wird bei der CRC-Codierung zu

$$c(x) = x^{n-k} a(x) - r(x) \in C$$

codiert, wobei $r(x) = x^{n-k} a(x) \mod g(x)$ ist. Erhält der Empfänger ein Wort $v(x)$ mit $g(x) \nmid v(x)$, so weiß er wegen des ersten Satzes in diesem Abschnitt, dass Fehler im Kanal passiert sind. Liegt hingegen kein Fehler vor, so kann die Nachricht wegen Grad $r(x) < n - k$ unmittelbar aus $x^{n-k} a(x)$ abgelesen werden.

b) Die CRC-Codierung wird in Computer-Netzwerken verwendet, wobei $K = \mathbb{F}_2$ ist. Werden Fehler im Kanal festgestellt, so erfolgt häufig eine automatische Wiederholung der Übertragung. Derartige Systeme heißen ARQ (*Automatic Repeat Request*). Die in der Praxis verwendeten Erzeugerpolynome sind oft von der Form

$$g(x) = (x + 1)m(x),$$

wobei $m(x) \neq x$ ein irreduzibles Polynom in $\mathbb{F}_2[x]$ ist. Bei dieser Wahl von $g(x)$ können

(i)   eine ungerade Anzahl von Fehlern,
(ii) zwei Fehler,
(iii) Bündelfehler der Länge $b < \text{Grad}\, g(x)$

festgestellt werden.

Beweis. Sei C der von $g(x)$ erzeugte zyklische Code.
a) Wegen $(x + 1) \mid g(x) \mid c(x)$ für $c(x) \in C$ erhalten wir $c(1) = 0$ für alle Codeworte $c(x)$. Für ein Polynom $f(x)$ von ungeradem Gewicht gilt hingegen $f(1) = 1$.
(ii) Sei $f(x) = x^i + x^j$ mit $0 \leq i < j \leq n - 1$ ein Polynom vom Gewicht 2. Das Nichterkennen eines solchen Fehlers erzwingt $g(x) \mid x^i(1 + x^{j-i})$. Wegen $x \nmid g(x)$ folgt $g(x) \mid 1 + x^{j-i}$, also

$$x^{j-i} \equiv -1 \bmod m(x).$$

Somit hat x in der multiplikativen Gruppe $F^* = (K[x]/m(x)K[x])^*$ gerade Ordnung im Widerspruch dazu, dass $|F^*| = 2^{\text{Grad}\, m(x)} - 1$ ungerade ist.
(iii) Sei $b(x)$ ein Bündelfehler der Länge $b < \text{Grad}\, g(x)$. Würde $b(x)$ nicht erkannt, so folgt wieder $g(x) \mid b(x)$. Offenbar können wir $b(x)$ schreiben als $b(x) = x^s \bar{b}(x)$ mit geeignetem $0 \leq s \leq n - 1$ und $\bar{b}(x) \in C$. Wegen $\text{Grad}\, \bar{b}(x) = b < \text{Grad}\, g(x)$ erhalten wir einen Widerspruch. $\square$

Zyklische Reed-Solomon-Codes

Sei α ein Element in $K = \mathbb{F}_q$ von der Ordnung $n \geq 2$. Wir zeigen: Für alle $1 \leq k \leq n$ ist dann der Reed-Solomon-Code

$$C = \{(f(1), f(\alpha), \dots, f(\alpha^{n-1})) \mid f \in K[x]_{k-1}\}$$

zyklisch mit dem Erzeugerpolynom $g(x) = (x - \alpha) \dots (x - \alpha^{n-k})$:

Offenbar haben C und der von $g(x)$ erzeugte zyklische Code $C_{g(x)}$ die gleiche Dimension, nämlich k. Ferner ist C zyklisch wegen

$$(f(\alpha^{n-1}), f(1), \dots, f(\alpha^{n-2})) = (h(1), h(\alpha), \dots, h(\alpha^{n-1}))$$

für $h(x) = f(\alpha^{-1}x) \in K[x]_{k-1}$. Nun gilt $c(x) \in C_{g(x)}$ genau dann, wenn $g(x) \mid c(x)$. Dies ist gleichwertig mit

$$0 = c(\alpha^j) = c_0 + c_1\alpha^j + \dots + c_{n-1}\alpha^{j(n-1)}$$

für $j = 1, \ldots, n - k$. Somit ist

$$
H = \begin{pmatrix}
1 & \alpha & \ldots & \alpha^{n-1} \\
1 & \alpha^2 & \ldots & \alpha^{2(n-1)} \\
\vdots & \vdots & \ldots & \vdots \\
1 & \alpha^{n-k} & \ldots & \alpha^{(n-1)(n-k)}
\end{pmatrix}
$$

eine Kontrollmatrix für $C_{g(x)}$. Die Matrix H ist aber auch eine Kontrollmatrix für C, wie wir nun zeigen. Also $C_{g(x)} = C$.

Sei dazu $c = (f(1), f(\alpha), \ldots, f(\alpha^{n-1})) \in C$ mit $f(x) = \sum_{j=0}^{k-1} a_j x^j$. Multiplizieren wir die i-te Zeile von H mit c^T, so erhalten wir

$$
\begin{aligned}
\sum_{s=0}^{n-1} f(\alpha^s)\alpha^{is} &= \sum_{j=0}^{k-1} a_j + \sum_{j=0}^{k-1} a_j \alpha^{j+i} + \ldots + \sum_{j=0}^{k-1} a_j \alpha^{(j+i)(n-1)} \\
&= \sum_{j=0}^{k-1} a_j[1 + \alpha^{j+i} + (\alpha^{j+i})^2 + \ldots + (\alpha^{j+i})^{n-1}] \\
&= 0
\end{aligned}
$$

wegen

$$
1 + \alpha^{j+i} + (\alpha^{j+i})^2 + \ldots + (\alpha^{j+i})^{n-1} = 0 \qquad \text{(siehe Aufgabe 96 im Abschnitt 22)}.
$$

Man beachte dazu, dass $j + i \leq (k-1) + (n-k) = n - 1$, also $\alpha^{j+i} \neq 1$.

Die Nullstellen eines Erzeugerpolynoms $g(x) \in K[x]$ (in einem Erweiterungskörper von K) geben teilweise Auskunft über die Minimaldistanz des von $g(x)$ erzeugten zyklischen Codes. Dies wurde erstmals von *Hocquenghem* und unabhängig davon von *Bose* und *Ray-Chaudhuri* um 1960 entdeckt.

BCH-Schranke. Seien K ein endlicher Körper und α eine primitive n-te Einheitswurzel in einem Erweiterungskörper von K. Ferner sei $r \in \mathbb{N}_0$ und $2 \leq d \leq n$. Sind

$$
\alpha^r, \alpha^{r+1}, \ldots, \alpha^{r+(d-2)}
$$

Nullstellen des Erzeugerpolynoms eines zyklischen Codes C der Länge n über K, so hat C das Minimalgewicht $\mathrm{d}(C) \geq d$.

Satz

Beweis. Sei $g(x)$ Erzeugerpolynom von C und $c(x) \in C$, also $c(x) = f(x)g(x)$ mit $f(x) \in K[x]$. Für $j = r, \ldots, r + (d - 2)$ folgt

$$
c(\alpha^j) = f(\alpha^j)g(\alpha^j) = 0.
$$

Setzen wir

$$
H = \begin{pmatrix}
1 & \alpha^r & \alpha^{2r} & \ldots & \alpha^{(n-1)r} \\
\vdots & \vdots & \vdots & \ldots & \vdots \\
1 & \alpha^{r+(d-2)} & \alpha^{2(r+(d-2))} & \ldots & \alpha^{(n-1)(r+(d-2))}
\end{pmatrix},
$$

so erfüllt $c = (c_0, \ldots, c_{n-1}) \in C$ die Bedingung $Hc^T = 0$. Die Behauptung des Satzes folgt nun, falls wir nachweisen können, dass je $d-1$ Spalten von H linear unabhängig sind. Dies ist Aufgabe 39. □

Beispiel

a) Sei $K = \mathbb{F}_2$. Man bestätigt durch Ausmultiplizieren, dass

$$x^7 - 1 = (x-1)(x^3 + x + 1)(x^3 + x^2 + 1).$$

Sei C der zyklische Code der Länge 7 mit Erzeugerpolynom $g(x) = x^3 + x + 1$. Dann ist

$$g(x) = (x - \alpha)(x - \alpha^2)(x - \alpha^4),$$

wobei α eine primitive 7-te Einheitswurzel in $\mathbb{F}_8$ ist, denn nach Aufgabe 95 im Abschnitt 22 sind mit α auch α^2 und α^4 Nullstellen von $g(x)$. Setzen wir in der BCH-Schranke $r = 1$ und $d = 3$, so folgt $d(C) \geq 3$. Wegen $g(x) = x^3 + x + 1 \in C$ ist $d(C) = 3$. Somit ist C ein $[7,4,3]$-Code, also nach Aufgabe 10 im Abschnitt 2 der $[7,4,3]$-Hamming-Code.

b) Sei $K = \mathbb{F}_3$. Nun gilt

$$x^{11} - 1 = (x-1)(x^5 + x^4 - x^3 + x^2 - 1)(x^5 - x^3 + x^2 - x - 1),$$

wie man leicht bestätigt. Sei

$$g(x) = x^5 + x^4 - x^3 + x^2 - 1$$

und α eine Nullstelle von $g(x)$, also eine primitive 11-te Einheitswurzel. Wegen Aufgabe 95 im Abschnitt 22 sind dann $\alpha, \alpha^3, \alpha^9, \alpha^{27} = \alpha^5, \alpha^4$ Nullstellen von $g(x)$. Setzen wir in der BCH-Schranke $r = 3$ und $d = 4$, so hat der von $g(x)$ erzeugte zyklische $[11,6]$-Code C die Minimaldistanz $d(C) \geq 4$. Man kann zeigen, dass sogar $d(C) = 5$ gilt und C äquivalent zum ternären perfekten $[11,6,5]$-Golay-Code ist.

c) Ohne Beweis vermerken wir, dass der binäre zyklische Code der Länge 23 mit dem Erzeugerpolynom

$$g(x) = x^{11} + x^{10} + x^6 + x^5 + x^4 + x^2 + 1$$

äquivalent zum binären perfekten $[23,12,7]$-Golay-Code ist.

Bemerkung. Die BCH-Schranke liefert zwar eine untere Schranke für die Minimaldistanz zyklischer Codes, sie ist jedoch in der Regel weit vom tatsächlichen Wert entfernt. Trotz vieler Anstrengungen ist es bis heute nicht gelungen zu beweisen, dass zyklische Codes *asymptotisch gut* sind, d.h. ob es eine Folge von zyklischen $[n_i, k_i, d_i]$-Codes über einem festen Körper K gibt, so dass

(i) $n_1 < n_2 < n_3 < \ldots$,

(ii) $\frac{k_i}{n_i} > \epsilon > 0$,

(iii) $\frac{d_i}{n_i} > \delta > 0$,

für alle i gilt. Bei asymptotisch guten Codes geht also weder die Rate $\frac{k_i}{n_i}$ noch die relative Minimaldistanz $\frac{d_i}{n_i}$ gegen 0. In der Klasse aller linearen Codes läßt sich die Existenz einer solchen Folge leicht nachweisen. Schwieriger ist die explizite Konstruktion einer solchen Folge, die erstmals Justesen [20] im Jahr 1972 gelang.

Übungsaufgaben

Aufgabe 39. Zeigen Sie, dass je $d-1$ Spalten der Matrix H im Beweis der BCH-Schranke linear unabhängig sind.
Hinweis: Vandermonde-Matrix.

Aufgabe 40. Betrachten Sie nochmals Teil a) des letzten Beispiels. Zeigen Sie, dass der von $g(x)$ erzeugte zyklische Code äquivalent zu dem von $h(x) = x^3 + x^2 + 1$ erzeugten ist.

Aufgabe 41. Sei $g(x)$ das Erzeugerpolynom eines binären zyklischen Codes. Zeigen Sie: Genau dann gilt $x - 1 \mid g(x)$, wenn alle Codeworte gerades Gewicht haben.

Aufgabe 42. Beweisen Sie die Existenz eines binären zyklischen $[31,6,d]$-Codes mit $d \geq 15$. (Dieser kann wie der Reed-Muller-Code $RM(1,5)$ bis zu 7 Fehler korrigieren, hat aber eine größere Rate.)
Hinweis: $\frac{x^{31}-1}{x-1}$ ist ein Produkt von irreduziblen Polynomen vom Grad 5 über $\mathbb{F}_2$. Benutzen Sie die BCH-Schranke.

■ 8
Schranken und Lineare Optimierung

Bei vorgegebener Länge n und Minimaldistanz d möchte man möglichst viel Information im Code C unterbringen. Sei also $A_q(n,d)$ das größte M, für welches es einen nicht notwendig linearen Code C über $K = \mathbb{F}_q$ mit $|C| = M$ und Minimalabstand mindestens d gibt. Bereits in den fünfziger Jahren haben Gilbert und Varshamov folgende Schranke gezeigt:

Gilbert-Varshamov-Schranke [14]**.** Es gilt: \hfill Satz

$$\frac{q^n}{\sum_{j=0}^{d-1} \binom{n}{j}(q-1)^j} \leq A_q(n,d).$$

Beweis. Ist C ein Code mit $|C| = A_q(n,d)$, so liegt jedes $a \in K^n$ in einer $(d-1)$-Kugel um ein geeignetes Codewort, denn sonst könnte man a zu C hinzufügen, entgegen der Maximalität von $|C|$. Also gilt $K^n \subseteq \bigcup_{c \in C} B_{d-1}(c)$, und somit auch $q^n \leq |C| \sum_{j=0}^{d-1} \binom{n}{j}(q-1)^j$. \hfill $\square$

---

[14]Rom Rubenovich Varshamov (1927–1999) Moskau, Yerevan. Armenischer Mathematiker. Codierungstheorie, irreduzible Polynome über endlichen Körpern.

Die besten allgemeinen oberen Schranken für $A_q(n,d)$ liefern Methoden der Linearen Optimierung. Die Ideen gehen auf eine Arbeit von Delsarte [10] aus dem Jahr 1973 zurück und haben in der letzten Zeit durch Verfeinerungen von Schrijver [33] zu neuen und überraschenden Abschätzungen geführt.

Wir beschränken uns im Folgenden auf $K = \mathbb{Z}_2$. Sei C ein nicht notwendig linearer Code im K^n. Für $k = 0, \ldots, n$ definieren wir die reelle Matrix M_k, deren Zeilen und Spalten wir mit den Elementen aus K^n indizieren, durch die Festsetzung

$$(M_k)_{a,b} = \begin{cases} 1, & \text{falls} \quad d(a,b) = k, \\ 0, & \text{sonst} \end{cases}$$

für $a,b \in K^n$. Diese Matrizen haben die folgenden schönen Eigenschaften, deren Beweis wir dem Leser als Aufgabe 43 überlassen.

Lemma

Für alle $k,l = 0,1,\ldots,n$ gilt:

a) M_k is eine symmetrische Matrix.
b) $M_k M_l = M_l M_k$.
c) $M_k M_l = \sum_{r=0}^{n} a_r M_r$ für geeignete $a_r \in \mathbb{N}_0$.

Wir betrachten nun den $\mathbb{R}$-Vektorraum

$$\mathcal{BM} = \left\{ \sum_{k=0}^{n} x_k M_k \mid x_k \in \mathbb{R} \right\}.$$

($\mathcal{BM}$ steht für *Bose-Mesner-Algebra*.) Da die M_k symmetrisch sind, kann man sie diagonalisieren (siehe [18], Satz 8.3.4). Da sie paarweise kommutieren, kann man sie dann sogar simultan diagonalisieren (siehe [18], Satz 5.5.11), d.h. es gibt eine invertierbare reelle $2^n \times 2^n$-Matrix T, so dass $T^{-1} M_k T$ für alle k eine Diagonalmatrix ist, auf deren Diagonale die Eigenwerte stehen. Diese lassen sich wie folgt bestimmen. Für $k = 0,1,\ldots,n$ definieren wir die *Krawtchouk-Polynome* $K_k(x)$ durch

$$K_k(x) = \sum_{u=0}^{n} (-1)^u \binom{x}{u} \binom{n-x}{k-u},$$

wobei $\binom{x}{u}$ das Polynom $\frac{x(x-1)\ldots(x-u+1)}{u!}$ ist.

Lemma

M_k hat genau die Eigenwerte $K_k(l)$ für $l = 0,1,\ldots,n$.

Beweis. Für $x,y \in K^n$ sei $\langle x,y \rangle = \sum_{i=1}^{n} x_i y_i$ die Bilinearform aus dem Abschnitt 5. Weiterhin definieren wir für $a \in K^n$ den Spaltenvektor

$$v_a = ((-1)^{\langle b,a \rangle})_{b \in K^n}.$$

Für $\text{wt}(a) = l$ zeigen wir nun die Eigenwertgleichung

$$M_k v_a = K_k(l) v_a.$$

Ist $M_k = (m_{xy})$, so haben wir

$$\sum_{b\in K^n} m_{xb}(-1)^{\langle b,a\rangle} = \sum_{\substack{b\\ \mathrm{d}(x,b)=k}} (-1)^{\langle b,a\rangle} = \sum_{u=0}^{n}(-1)^u \binom{l}{u}\binom{n-l}{k-u}(-1)^{\langle x,a\rangle}$$

für alle $x \in K^n$ nachzuweisen. Für $x = 0$ ist dies offenbar richtig wegen

$$\sum_{\substack{\mathrm{d}(b,0)=k}} (-1)^{\langle b,a\rangle} = \sum_{\substack{\mathrm{wt}(b)=k}} (-1)^{\langle b,a\rangle} = \sum_{u=0}^{n}(-1)^u \binom{l}{u}\binom{n-l}{k-u},$$

denn für b können wir $0 \le u \le l$ Einsen an den Einserpositionen von a wählen und $k - u$ Einsen an den anderen Positionen. Ist x beliebig, so folgt die Behauptung aus

$$\sum_{\substack{b\\ \mathrm{d}(b,x)=k}} (-1)^{\langle b,a\rangle} = \sum_{\substack{b\\ \mathrm{d}(b-x,0)=k}} (-1)^{\langle b-x,a\rangle+\langle x,a\rangle} = [\sum_{\substack{b\\ \mathrm{d}(b,0)=k}} (-1)^{\langle b,a\rangle}](-1)^{\langle x,a\rangle}.$$

Schließlich vermerken wir, dass die v_a für $a \in K^n$ nach Aufgabe 44 linear unabhängig sind, also eine Basis des K^{2^n} bilden. Somit hat M_k den Eigenwert $K_k(l)$ mindestens $\binom{n}{l}$-mal, nämlich für die Eigenvektoren v_a mit $\mathrm{wt}(a) = l$. Wegen $\sum_{l=0}^{n} \binom{n}{l} = 2^n$ sind die $K_k(l)$ für $l = 0,1,\ldots,n$ die sämtlichen Eigenwerte der Matrix M_k. $\qquad\square$

Die entscheidende Rolle zur Abschätzung von $A_2(n,d)$ spielt nun eine gewisse Matrix in $\mathcal{BM}$, die genügend viel Information über den Code C enthält und die wir nun einführen.

Sei dazu G die Menge aller Abbildungen, die die Koordinaten der Vektoren $a = (a_1,\ldots,a_n) \in K^n$ permutieren, gefolgt von möglichen Flipps $0 \leftrightarrow 1$ an den n Positionen. Jedes $\gamma \in G$ beschreibt also eine Permutation auf K^n und G ist eine Gruppe vermöge der Hintereinanderausführung von Abbildungen. Man beachte weiterhin, dass $\mathrm{d}(\gamma a,\gamma b) = \mathrm{d}(a,b)$ für alle $a,b \in K^n$ und alle $\gamma \in G$ gilt. Ferner bezeichne X^C den Spaltenvektor $(\chi^C(a))_{a\in K^n}$ mit

$$\chi^C(a) = \begin{cases} 1, & \text{falls } a \in C \\ 0, & \text{sonst.} \end{cases}$$

(Dies ist der Auswertungsvektor der charakteristischen Funktion χ^C auf C.) Dann ist $X^C(X^C)^T$ eine reelle symmetrische $2^n \times 2^n$-Matrix mit Einträgen 0 oder 1, wobei eine 1 genau dann an der Stelle (a,b) steht, wenn a und b Elemente von C sind. Wir definieren nun die *Delsarte-Matrix* M^C durch

$$M^C = \frac{1}{|G|}\sum_{\gamma\in G} X^{\gamma C}(X^{\gamma C})^T.$$

Da alle Matrizen $X^{\gamma C}(X^{\gamma C})^T$ positiv semidefinit sind (siehe Aufgabe 45), ist auch M^C positiv semidefinit.

Lemma

Es gilt:

a) $M^C = \sum_{k=0}^{n} x_k M_k \in \mathcal{BM}$ mit

$$x_k = \frac{|\{(c,c') \in C \times C, \ \mathrm{d}(c,c') = k\}|}{|\{(a,a') \in K^n \times K^n, \ \mathrm{d}(a,a') = k\}|}.$$

b) $\frac{2^n}{|C|} \sum_{k=0}^{n} x_k \binom{n}{k} = |C|.$

Beweis. a) Seien $a,b \in K^n$ mit $\mathrm{d}(a,b) = k$. Der Eintrag an der Stelle (a,b) in der Matrix $X^{\gamma C}(X^{\gamma C})^T$ ist genau dann 1 (sonst 0), wenn $a,b \in \gamma(C)$, oder gleichwertig damit, wenn $\gamma^{-1}(a), \gamma^{-1}(b) \in C$ ist. Auf den Paaren (a,b) mit Abstand k operiert G transitiv (siehe Aufgabe 47). Ist $m_{a,b}$ der Eintrag an der Stelle (a,b) in der Delsarte-Matrix M^C, so erhalten wir mit Aufgabe 46

$$m_{a,b} = \frac{1}{|G|} \cdot |G_{(a,b)}| \, |\{(c,c') \in C \times C, \ \mathrm{d}(c,c') = k\}|,$$

und mit der gleichen Aufgabe

$$\frac{|G|}{|G_{(a,b)}|} = |\{(a,a') \in K^n \times K^n, \ \mathrm{d}(a,a') = k\}|.$$

Also gilt

$$m_{a,b} = \frac{|\{(c,c') \in C \times C, \ \mathrm{d}(c,c') = k\}|}{|\{(a,a') \in K^n \times K^n, \ \mathrm{d}(a,a') = k\}|}.$$

b) Wegen

$$|\{(a,a') \in K^n \times K^n, \ \mathrm{d}(a,a') = k\}| = 2^n |\{(0,a') \mid a' \in K^n \ \mathrm{wt}(a') = k\}| = 2^n \binom{n}{k}$$

folgt

$$\frac{2^n}{|C|} \sum_{k=0}^{n} x_k \binom{n}{k} = \frac{1}{|C|} \sum_{k=0}^{n} \sum_{c,c' \in C} |\{(c,c') \in C \times C, \ \mathrm{d}(c,c') = k\}| = \frac{1}{|C|} |C|^2 = |C|. \quad \square$$

Da die M_k simultan diagonalisierbar sind mit den Eigenwerten $K_k(l)$, hat $M^C = \sum_{k=0}^{n} x_k M_k$ die Eigenwerte $\sum_{k=0}^{n} x_k K_k(l)$ (siehe Aufgabe 48). Die positive Semidefinitheit von M^C liefert, dass die Eigenwerte alle nicht-negativ sind (siehe Aufgabe 45). Wir erhalten also

$$0 \leq \sum_{k=0}^{n} x_k K_k(l) \quad \text{für alle } l = 0, 1, \ldots, n.$$

Mit diesen Vorbereitungen können wir nun das wesentliche Resultat von Delsarte beweisen.

Delsarte-Schranke. Es gilt   Satz

$$A_2(n,d) \leq \max \left\{ \sum_{k=0}^{n} \binom{n}{k} y_k \right\}$$

unter den Nebenbedingungen

(i) $y_0 = 1$ und $y_1 = \ldots = y_{d-1} = 0$.
(ii) $y_d, \ldots, y_n \geq 0$.
(iii) $\sum_{k=0}^{n} y_k K_k(l) \geq 0$ für $l = 0, \ldots, n$.

Beweis. Sei C ein binärer Code der Länge n und von Minimaldistanz mindestens d mit $|C|$ maximal. Die zugehörigen x_k aus der Delsarte-Matrix erfüllen offenbar die obigen Nebenbedingungen bis auf $x_0 = \frac{|C|}{2^n}$. Dann erfüllen aber die $\frac{2^n}{|C|} x_k$ alle Nebenbedingungen. Da wir bereits gezeigt haben, dass

$$\frac{2^n}{|C|} \sum_{k=0}^{n} x_k \binom{n}{k} = |C|$$

ist, folgt die Behauptung.   □

Die Delsarte-Schranke beruht also auf der Lösung eines linearen Optimierungsproblems. Im Jahr 2005 hat Schrijver in [33] die Methode von Delsarte verbessert, indem er die M_k durch die feineren Matrizen

$$(M_{k,i,j})_{a,b} = \begin{cases} 1, & \text{falls} \quad d(a,b) = k, \ \text{wt}(a) = i, \ \text{wt}(b) = j, \\ 0, & \text{sonst} \end{cases}$$

ersetzt hat. In der zugehörigen Menge

$$\mathcal{T} = \left\{ \sum_{k,i,j=0}^{n} x_{k,i,j} M_{k,i,j} \mid x_{k,i,j} \in \mathbb{R} \right\}$$

kommutieren die Matrizen nun nicht mehr alle. ($\mathcal{T}$ steht für *Terwilliger-Algebra*.) Auch sind die $M_{k,i,j}$ nicht mehr symmetrisch. Seine Methode führt in die Semidefinierte Optimierung, auf die wir hier nicht eingehen können. Mittels der Delsarte-Methode erhält man z.B. für $n = 26$ und $d = 10$ die Schranke 1040. Die Schrijver-Methode liefert hingegen 886. Leider ist dies immer noch weit vom derzeit größten tatsächlich konstruierten Code entfernt, der nur 384 Codeworte enthält.

Übungsaufgaben

Aufgabe 43. Beweisen Sie das erste Lemma dieses Abschnittes.

Aufgabe 44. Sei $K = \mathbb{Z}_2$ und A die reelle Matrix $((-1)^{\langle b,a \rangle})_{b,a \in K^n}$. Zeigen Sie: $AA^T = 2^n E$, wobei E die Einheitsmatrix ist. Insbesondere sind die Spalten (bzw. Zeilen) von A linear unabhängig über $\mathbb{R}$.

Aufgabe 45. Sei $A \in (\mathbb{R})_{n,m}$. Zeigen Sie, dass $M = AA^T$ positiv semidefinit ist, d.h. $vMv^T \geq 0$ für alle $v \in \mathbb{R}^n$. Insbesondere sind die Eigenwerte von M reell (da M symmetrisch ist) und nicht-negativ.

Aufgabe 46. Sei A eine endliche Menge und G eine transitive Gruppe von Permutationen auf A. Dabei bedeutet *transitiv*, dass zu vorgegebenen $a,b \in A$ ein $\gamma \in G$ existiert mit $\gamma(a) = b$. Für $a \in A$ sei $G_a = \{\gamma \mid \gamma \in G, \gamma(a) = a\}$ der *Stabilisator* von a. Zeigen Sie:

$$\frac{|G|}{|G_a|} = |G : G_a| = |\{\gamma(a) \mid \gamma \in G\}|.$$

Aufgabe 47. Beweisen Sie, dass die Gruppe G, die in der Definition der Delsarte-Matrix auftritt, für festes k und $\gamma \in G$ vermöge $\gamma(a,b) = (\gamma(a),\gamma(b))$ transitiv auf

$$\{(a,b) \mid a,b \in K^n, \, \mathrm{d}(a,b) = k\}$$

operiert.

Aufgabe 48. Zeigen Sie, dass $M^C = \sum_{k=0}^n x_k M_k$ für $l = 0,1,\ldots,n$ die Eigenwerte $\sum_{k=0}^n x_k K_k(l)$ hat.

9
Decodierung von BCH-Codes

Effiziente Decodieralgorithmen hängen von der Struktur der benutzten Codes ab. So haben wir für LDPC-Codes im Abschnitt 4 ein schnelles iteratives Verfahren kennengelernt. In diesem Abschnitt behandeln wir ein weiteres Verfahren, welches auf eine große Klasse von guten Codes, insbesondere Reed-Solomon-Codes, angewendet werden kann.

Sei K der zugrunde liegende Körper und E ein Erweiterungskörper von K. Sei $a = (a_1,\ldots,a_n)$ mit paarweise verschiedenen $a_i \in E$ und $v = (v_1,\ldots,v_n)$ mit $0 \neq v_i \in E$ für alle i. Für $2 \leq d \leq n \leq |K|$ definieren wir die Kontrollmatrix H durch

$$H = \begin{pmatrix} v_1 & \ldots & v_n \\ a_1 v_1 & \ldots & a_n v_n \\ a_1^2 v_1 & \ldots & a_n^2 v_n \\ \vdots & & \vdots \\ a_1^{d-2} v_1 & \ldots & a_n^{d-2} v_n \end{pmatrix}.$$

Der zugehörige (lineare) Code C wird dann beschrieben durch

$$C = \{c \mid c \in K^n, Hc^T = 0\}.$$

Da H im wesentlichen eine Vandermonde-Matrix ist, hat C mindestens die Minimaldistanz d (siehe Aufgabe 49). Wir nennen Codes, die sich derart beschreiben lassen *BCH-Codes* (nach Bose, Ray-Chaudhuri, und Hocquenghem). Zu dieser Klasse gehören auch die Reed-Solomon-Codes (siehe Aufgabe 13 im Abschnitt 2 und Aufgabe 33 im Abschnitt 5). BCH-Codes spielen in den Anwendungen eine besondere Rolle. Dies ist nicht erstaunlich, denn für sie gibt es schnelle BD-Decodieralgorithmen. Wir geben hier ein Verfahren an, welches auf dem Euklidischen Algorithmus beruht.

Definition

Seien $c = (c_1, \ldots, c_n) \in C$ und $\tilde{c} = c + f \in K^n$ mit dem *Fehlervektor* $f = (f_1, \ldots, f_n)$, wobei $\text{wt}(f) = t \leq \frac{d-1}{2}$.

a) Mit $(s_1, \ldots, s_{d-1})$ bezeichnen wir das *Syndrom* von $\tilde{c}$, d.h.

$$(s_1, \ldots, s_{d-1})^T = H\tilde{c}^T = H(c+f)^T = Hf^T$$

und nennen $S(x) = \sum_{i=0}^{d-2} s_{i+1}x^i \in E[x]$ das *Syndrompolynom*.

b) Weiterhin sei $F = \{i \mid f_i \neq 0\} = \{i_1, \ldots, i_t\}$ die Menge der *Fehlerpositionen*.

c) Das Polynom

$$\sigma(x) = \prod_{l \in F}(1 - a_l x) = \sigma_0 + \sigma_1 x + \cdots + \sigma_t x^t \in E[x]$$

heißt *Fehlerortungspolynom*. Man beachte, daß $l \in F$ genau dann gilt, wenn $\sigma(a_l^{-1}) = 0$ ist.

d) Das Polynom

$$\omega(x) = \sum_{l \in F} f_l v_l \prod_{\substack{l' \in F \\ l' \neq l}}(1 - a_{l'}x) \in E[x]$$

heißt *Fehlerauswertungspolynom*.

Um den empfangenen Vektor $\tilde{c}$ zum gesendeten Codewort $c = \tilde{c} - f$ zu decodieren, müssen wir den Fehlervektor f finden. Angenommen, wir könnten irgendwie $\sigma(x)$ und $\omega(x)$ berechnen. Dann können wir den Fehler f wie folgt bestimmen:

Die Nullstellen von $\sigma(x)$ liefern uns nach c) der Definition die Fehlerpositionen, also die Menge F. Mit der Ableitung des Polynoms $\sigma(x)$, also

$$\sigma'(x) = -\sum_{l \in F} a_l \prod_{\substack{l' \in F \\ l' \neq l}}(1 - a_{l'}x),$$

erhalten wir dann unmittelbar

$$-\frac{\omega(a_l^{-1})}{\sigma'(a_l^{-1})} \cdot \frac{a_l}{v_l} = f_l \quad \text{für } l \in F.$$

Somit können wir decodieren, wenn wir das Fehlerortungs- und das Fehlerauswertungspolynom gefunden haben. Der folgende Zusammenhang bildet die Basis des Decodierverfahrens.

Lemma

$$S(x)\sigma(x) \equiv \omega(x) \bmod x^{d-1}.$$

Beweis. Es gilt

$$
\begin{aligned}
S(x)\sigma(x) &= \left(\sum_{i=0}^{d-2}\sum_{l\in F}a_l^i v_l f_l x^i\right)\left(\prod_{l\in F}(1-a_l x)\right)\\
&= \sum_{l\in F}v_l f_l\left[(1-a_l x)\sum_{i=0}^{d-2}(a_l x)^i\right]\prod_{\substack{l'\in F\\l'\neq l}}(1-a_{l'}x)\\
&= \sum_{l\in F}v_l f_l\left[1-(a_l x)^{d-1}\right]\prod_{\substack{l'\in F\\l'\neq l}}(1-a_{l'}x)\\
&\equiv \sum_{l\in F}v_l f_l\prod_{\substack{l'\in F\\l'\neq l}}(1-a_{l'}x)\quad \mod x^{d-1}\\
&\equiv \omega(x)\quad \mod x^{d-1}.
\end{aligned}
$$

$\square$

Erstaunlich ist nun, dass uns bei der Berechnung von $\mathrm{ggT}(S(x),x^{d-1})$, also dem größten gemeinsamen Teiler von $S(x)$ und x^{d-1}, über den Euklidischen Algorithmus bereits $\sigma(x)$ und $\omega(x)$ begegnen.

Wir setzen dazu $r_{-1}(x)=x^{d-1}$ und $r_0(x)=S(x)$ und berechnen rekursiv

$$
\begin{aligned}
r_{-1}(x) &= q_1(x)r_0(x)+r_1(x)\\
r_0(x) &= q_2(x)r_1(x)+r_2(x)\\
&\vdots\\
r_k(x) &= q_{k+2}(x)r_{k+1}(x)+r_{k+2}(x)\\
&\vdots\\
r_{m-2}(x) &= q_m(x)r_{m-1}(x)+r_m(x)\\
r_{m-1}(x) &= q_{m+1}(x)r_m(x),
\end{aligned}
$$

wobei $q_k(x),r_k(x)$ Polynome sind und Grad $r_k(x)<$ Grad $r_{k-1}(x)$ gilt (siehe Aufgabe 89 im Abschnitt 22). Der letzte nichtverschwindende Rest $r_m(x)$ ist bis auf Normierung gleich $\mathrm{ggT}(S(x),x^{d-1})$. Dieser kann $r_0(x)$ sein (wenn $r_1(x)=0$ ist).

Berechnen wir $r_1(x)=r_{-1}(x)-q_1(x)r_0(x)=x^{d-1}-q_1(x)S(x)$ aus der ersten Gleichung und setzen dies in die zweite ein, so erhalten wir

$$
\begin{aligned}
r_2(x) &= r_0(x)-q_2(x)r_1(x)\\
&= S(x)-q_2(x)[x^{d-1}-q_1(x)S(x)]\\
&= [1+q_2(x)q_1(x)]S(x)-q_2(x)x^{d-1}.
\end{aligned}
$$

So fortfahrend erhalten wir also Gleichungen der Form

$$
r_k(x)=a_k(x)x^{d-1}+b_k(x)S(x)
$$

für $k=-1,0,\ldots,m$. Dabei gilt nach Konstruktion

$$
\begin{aligned}
(a_{-1}(x),b_{-1}(x)) &= (1,0)\quad\text{und}\quad (a_0(x),b_0(x))=(0,1)\\
(a_k(x),b_k(x)) &= (a_{k-2}(x),b_{k-2}(x))-q_k(x)(a_{k-1}(x),b_{k-1}(x))\quad\text{für}\quad k\geq 1.
\end{aligned}
$$

Für $k \geq 1$ folgt

$$\det \begin{pmatrix} a_k(x) & b_k(x) \\ a_{k-1}(x) & b_{k-1}(x) \end{pmatrix} = \det \begin{pmatrix} a_{k-2}(x) & b_{k-2}(x) \\ a_{k-1}(x) & b_{k-1}(x) \end{pmatrix} = \cdots$$

$$= \pm \det \begin{pmatrix} a_{-1}(x) & b_{-1}(x) \\ a_0(x) & b_0(x) \end{pmatrix} = \pm \det \begin{pmatrix} 1 & 0 \\ 0 & 1 \end{pmatrix} = \pm 1,$$

also insbesondere $\mathrm{ggT}(a_k(x), b_k(x)) = 1$ für $k = -1, 0, \ldots, m$.

Im Folgenden weisen wir nun einen eindeutigen Index $k \in \{0, 1, \ldots, m\}$ nach mit Grad $r_{k-1}(x) \geq \frac{d-1}{2}$ und Grad $r_k(x) < \frac{d-1}{2}$. Für dieses k gilt dann, wie wir zeigen, dass

$$\sigma(x) = \mu b_k(x), \quad \omega(x) = \mu r_k(x)$$

mit $\mu = b_k(0)^{-1}$. Damit sind die gesuchten Polynome $\sigma(x)$ und $\omega(x)$ gefunden.

Zur Bestimmung von k benötigen wir die folgende Gradformel.

Grad $b_k(x) = d - 1 -$ Grad $r_{k-1}(x)$ für $k = 0, 1, \ldots, m$.　　　Lemma

Beweis. Für $k = 0$ ist dies offensichtlich richtig. Wir zeigen zunächst per Induktion

$$\text{Grad } b_{k-1}(x) < \text{Grad } b_k(x) \quad \text{für } 1 \leq k \leq m.$$

Wegen $b_0(x) = 1$ und $b_1(x) = -q_1(x)$ mit Grad $q_1(x) \geq 1$ gilt der Induktionsanfang. Sei Grad $b_{k-2}(x) <$ Grad $b_{k-1}(x)$ bereits gezeigt. Die Gleichung

$$b_k(x) = b_{k-2}(x) - q_k(x) b_{k-1}(x)$$

liefert dann Grad $b_{k-1}(x) <$ Grad $b_k(x)$ wegen Grad $q_k(x) \geq 1$. Dies zeigt insbesondere, dass

$$\text{Grad } b_k(x) = \text{Grad } q_k(x) b_{k-1}$$

für alle $1 \leq k \leq m$ gilt. Per Induktion über k erhalten wir nun

$$\begin{aligned} \text{Grad } b_k(x) &= \text{Grad } q_k(x) b_{k-1}(x) \\ &= \text{Grad } q_k(x) + \text{Grad } b_{k-1}(x) \\ &= \text{Grad } q_k(x) + (d - 1 - \text{Grad } r_{k-2}(x)) \\ &= \text{Grad } q_k(x) + d - 1 - \text{Grad } q_k(x) r_{k-1}(x) \\ &= d - 1 - \text{Grad } r_{k-1}(x). \qquad \square \end{aligned}$$

Mit diesen Vorbereitungen können wir nun das Fehlerortungs- und Fehlerauswertungspolynom wie folgt bestimmen.

Satz

> Es gibt ein eindeutiges $k \in \{0, 1, \ldots, m\}$, so daß Grad $r_k(x) < \frac{d-1}{2}$ und Grad $r_{k-1}(x) \geq \frac{d-1}{2}$ ist. Für dieses k gilt
>
> $$\sigma(x) = \mu b_k(x) \quad \text{und} \quad \omega(x) = \mu r_k(x)$$
>
> mit $\mu = b_k(0)^{-1}$.

Beweis. Wir haben bereits gezeigt, dass $S(x)\sigma(x) \equiv \omega(x) \bmod x^{d-1}$ ist. Somit existiert ein Polynom $u(x)$, so dass $S(x)\sigma(x) + u(x)x^{d-1} = \omega(x)$ gilt. Wegen $r_m(x) = \mathrm{ggT}(x^{d-1}, S(x))$ (bis auf Normierung) erhalten wir $r_m(x) \mid \omega(x)$, also insbesondere

$$\mathrm{Grad}\, r_m(x) \leq \mathrm{Grad}\, \omega(x) \leq t - 1 < \frac{d-1}{2}.$$

Damit ist die erste Aussage bereits gezeigt wegen Grad $r_{-1}(x) = d - 1$. Man beachte, dass die Eindeutigkeit unmittelbar aus der Tatsache folgt, dass die Grade der Reste $r_i(x)$ mit steigendem Index echt kleiner werden.

Aus

$$\sigma(x)r_k(x) = \sigma(x)[a_k(x)x^{d-1} + b_k(x)S(x)]$$

und

$$\omega(x)b_k(x) = [S(x)\sigma(x) + u(x)x^{d-1}]b_k(x)$$

erhalten wir die Gleichung

$$(*) \qquad \sigma(x)r_k(x) - \omega(x)b_k(x) = [\sigma(x)a_k(x) - u(x)b_k(x)]x^{d-1}.$$

Wegen Grad $\sigma(x) = t \leq \frac{d-1}{2}$ und Grad $r_k(x) < \frac{d-1}{2}$ folgt

$$\mathrm{Grad}\, \sigma(x)r_k(x) < d - 1.$$

Mit der Gradformel des obigen Lemmas erhalten wir

$$\mathrm{Grad}\, b_k(x) = d - 1 - \mathrm{Grad}\, r_{k-1}(x) \leq d - 1 - \frac{d-1}{2} = \frac{d-1}{2}.$$

Da Grad $\omega(x) \leq t - 1 < \frac{d-1}{2}$ ist, gilt somit auch Grad $\omega(x)b_k(x) < d - 1$. Ein Gradvergleich in $(*)$ erzwingt nun

$$\sigma(x)r_k(x) = \omega(x)b_k(x) \quad \text{und} \quad \sigma(x)a_k(x) = u(x)b_k(x).$$

Die Nullstellen von $\sigma(x)$ sind die a_l^{-1} mit $l \in F$. Da

$$-\frac{\omega(a_l^{-1})}{\sigma'(a_l^{-1})} \cdot \frac{a_l}{v_l} = f_l \neq 0$$

ist, also $\omega(a_l^{-1}) \neq 0$, haben $\sigma(x)$ und $\omega(x)$ keine gemeinsame Nullstellen, sind also teilerfremd. Somit gilt $\sigma(x) \mid b_k(x)$. Die Teilerfremdheit der Polynome $a_k(x)$ und

$b_k(x)$, welches wir bereits gezeigt haben, erzwingt $b_k(x) \mid \sigma(x)$. Wir erhalten so $\sigma(x) = \mu b_k(x)$, wobei $\mu = b_k(0)^{-1}\sigma(0) = b_k(0)^{-1}$. Setzen wir dies in

$$\sigma(x) r_k(x) = \omega(x) b_k(x)$$

ein, so folgt $\omega(x) = \mu r_k(x)$ und der Satz ist bewiesen. $\qquad\square$

Das hier vorgestelle Decodierverfahren ist äußerst effizient, da im wesentlichen nur der Euklidische Algorithmus benutzt wird. Es ist jedoch keine ML-Decodierung, da nur bis zu $\frac{d-1}{2}$ Fehler korrigiert werden, welches, wie bereits früher vermerkt, als BD-Decodierung bezeichnet wird. Es gibt weitere schnelle BD-Decodieralgorithmen für BCH-Codes. Ein Verfahren beruht auf dem *Berlekamp-Massey-Algorithmus*, der zu einer vorgegebenen Rekursionsfolge ein minimales Erzeugerpolynom bestimmt. Grob gesprochen liefert der Berlekamp-Massey-Algorithmus einen minimalen Satz von elektronischen Bausteinen in einem Schieberegister, welches eine vorgegebene lineare Rekursionsfolge erzeugt. Wir können darauf nicht eingehen, sondern verweisen auf [44]. Bis heute ist kein effizienter ML-Decodieralgorithmus für BCH-Codes bekannt.

Aufgabe 49. Für $i = 1, \ldots, n$ seien a_i, v_i Elemente in einem Erweiterungskörper von K, wobei die $v_i \neq 0$ für alle i und die a_i paarweise verschieden sind. Zeigen Sie, dass der über die Kontrollmatrix

$$H = \begin{pmatrix} v_1 & \ldots & v_n \\ a_1 v_1 & \ldots & a_n v_n \\ a_1^2 v_1 & \ldots & a_n^2 v_n \\ \vdots & & \vdots \\ a_1^{d-2} v_1 & \ldots & a_n^{d-2} v_n \end{pmatrix}$$

definierte Code über K eine Minimaldistanz größer oder gleich d hat.

Aufgabe 50. Sei $K = \mathbb{F}_7 = \{0, 1, \ldots, 6\}$ und $(a_1, a_2, \ldots, a_6) = (1, 2, \ldots, 6)$.
a) Berechnen Sie

$$H = \begin{pmatrix} 1 & \ldots & 1 \\ a_1 & \ldots & a_6 \\ a_1^2 & \ldots & a_6^2 \\ a_1^3 & \ldots & a_6^3 \end{pmatrix}.$$

b) Bestimmen Sie die Parameter von $C = \{c \mid c \in K^6, Hc^T = 0\}$.
c) Decodieren Sie die Worte $(0, 2, 5, 0, 1, 1)$ und $(5, 2, 5, 0, 1, 0)$.

II Kryptographie

Die Kryptographie (griechisch: κρυπτος (kryptos) = geheim; γραφειν (graphein) = schreiben), also die Wissenschaft vom geheimen Schreiben, ist ungleich älter als die Codierungstheorie. Von alters her sind Nachrichten aus unterschiedlichsten Gründen verschlüsselt worden. Viele der grundlegenden Begriffe wurden jedoch erstmals von Shannon 1949 in der fundamentalen und wegweisenden Arbeit *Communication Theory of Secrecy Systems* [32] klar formuliert.

Wie im ersten Kapitel können wir auch hier auf viele Facetten nicht eingehen, sondern beschränken uns auf einige wesentliche Aspekte der Kryptographie. Sicher tragen die klassischen Verfahren der Vergangenheit viel zum Verständnis der Problematik bei. Trotzdem wollen wir sie nicht behandeln, da die Nachricht aufgrund der heutigen Rechner schnell aus der Verschlüsselung gewonnen werden kann. Sie sind also unbrauchbar geworden. Stattdessen werden wir uns auf neuere Verfahren konzentrieren. Auch diese Systeme bieten keine absolute Sicherheit. Sie sind nur insoweit sicher, dass Unbefugte aus der Kenntnis des verschlüsselten Textes mit vertretbarem Zeitaufwand und allen zur Verfügung stehenden Rechnerressourcen und Kenntnissen den Inhalt der Nachricht nicht ermitteln können.

■ 10
Grundbegriffe und Sicherheit

Zur Festlegung von Bezeichnungen starten wir mit einem einfachen Beispiel. Alice möchte an Bob eine Nachricht senden, die nur Bob lesen darf. Aus der Nachricht, meist *Klartext* genannt, macht sie gemäß einer bestimmten Vorschrift einen neuen Text, den *Chiffretext*, mit dem ein Dritter ohne weiteres nichts anfangen kann. Diesen Vorgang bezeichnet man als *verschlüsseln* oder *chiffrieren*. Den Chiffretext sendet sie dann an Bob, der in der Lage sein muß, die von Alice benutzte Vorschrift zu invertieren, d.h. er muß die Nachricht aus dem verschlüsselten Text wiedergewinnen können, welches wir *entschlüsseln* oder auch *dechiffrieren* nennen. Die Alice zur Verfügung stehenden Vorschriften sind natürlich vielfältig, etwa eine bestimmte Permutation der Buchstaben des Alphabets. Zum Verschlüsseln kann sie also aus einer Menge von sogenannten *Schlüsseln*, wobei jeder eindeutig einem Chiffrieralgorithmus zugeordnet ist, einen auswählen. Wir fassen dies nun kompakt zusammen.

Definition

Ein *Kryptosystem* $\mathbb{K}$ ist ein Tripel $(\mathcal{P}, \mathcal{C}, \mathcal{S})$ bestehend aus endlichen Mengen

$\mathcal{P}$,   den Klartexten (plain text)

$\mathcal{C}$,   den Chiffretexten (cipher text)

$\mathcal{K}$,   den Schlüsseln (keys)

verbunden mit Chiffrierfunktionen

$$e_k : \quad \mathcal{P} \to \mathcal{C} \quad \text{für alle } k \in \mathcal{K}$$

und Dechiffrierfunktionen

$$d_k : \quad \mathcal{C} \to \mathcal{P} \quad \text{für alle } k \in \mathcal{K}.$$

Dabei gelte

$$d_k e_k(x) = x \quad \text{für alle Klartexte} \quad x \in \mathcal{P} \quad \text{und alle Schlüssel} \quad k \in \mathcal{K}.$$

Im obigen Beispiel von Alice und Bob sind nun zwei verschiedene Szenarien vorstellbar.

1. **Symmetrische Verfahren.** Alice übermittelt vor der Übertragung auf einem geheimen Weg den von ihr benutzen Schlüssel k an Bob, der dann die Nachricht mittels d_k lesen kann. Der benutze Schlüssel k wird hier *geheimgehalten*; die Funktionen e_k bzw. d_k sind allgemein bekannt und schnell berechenbar. Hier findet also ein Schlüsselaustausch statt, dessen Sicherheit man irgendwie gewährleisten muss.
2. **Asymmetrische bzw. Public-Key-Verfahren.** Bob gibt öffentlich, also jedem zugänglich, k und die zugehörige Chiffrierfunktion e_k bekannt, mittels derer eine Nachricht an ihn gesendet werden kann. Alice, aber auch jeder andere, kann dann (k, e_k) benutzen. Die Dechiffrierfunktion d_k hält Bob geheim und sie darf sich nicht mit vertretbarem Zeitaufwand aus e_k von Unbefugten berechnen lassen.

Bis in die siebziger Jahre des letzten Jahrhunderts gab es nur Verfahren der ersten Art. Um eine hohe Sicherheit in der Verschlüsselung zu gewährleisten, mußte der benutzte Schlüssel etwa von der gleichen Größenordnung wie die Nachricht sein. Ferner bedurfte es eines Schlüsselaustauschs, welches einen nicht unerheblichen Aufwand und eine große Unsicherheit bedeutete. Die Verfahren wurden vornehmlich im militärischen und diplomatischen Bereich eingesetzt.

Die Anwendungen der modernen Kryptographie verlagern sich heute hingegen mehr und mehr in den elektronischen Bereich des privaten und wirtschaftlichen Lebens, in denen täglich riesige Mengen von Daten einer Verschlüsselung bedürfen. Man denke etwa an das Pay-TV (man darf nicht sehen können, ohne gezahlt zu haben) oder an das Homebanking (Transaktionen dürfen von Unbefugten weder gelesen noch geändert werden können). Dies sind nur zwei der vielen Situationen, in denen eine Chiffrierung unerlässlich ist. Sowohl die Datenmengen als auch die Situationen, in denen eine Verschlüsselung unabdingbar ist, nehmen täglich zu. Symmetrische Verfahren würden hier derart viele Schlüssel verlangen, so dass allein deren Verwaltung und Verteilung kaum machbar wäre. Man ist also auf Verfahren der zweiten Art angewiesen, die relativ wenige Schlüssel benötigen und auf privater Ebene nicht mehr ausgetauscht werden müssen. Sie leisten erstaunlich gute Ergebnisse hinsichtlich der Sicherheit, haben allerdings den Nachteil, dass Chiffrierung und Dechiffrierung gegenüber symmetrischen Verfahren sehr viel mehr Zeit in Anspruch nehmen. Abhilfe schaffen hier sogenannte *hybride Verfahren*. Bei diesen wird die eigentliche Information mittels eines schnellen symmetrischen Verfahrens verschlüsselt. Der dazu benötigte Schlüssel wird vorab vermöge eines Public-Key-Verfahrens ausgetauscht, so dass eine hohe Sicherheit gewährleistet ist. Ein derartiges Vorgehen hat ferner den Vorteil, dass der Schlüssel oft gewechselt werden kann, so dass der Unsicherheit bei symmetrischen Verfahren, bedingt durch kurze Schlüssellängen, entgegengewirkt werden kann. Neben der Problematik des Geheimhaltens einer Nachricht sind elektronische Dokumente häufig zu unterzeichnen, welches die Frage nach einer digitalen Signatur aufwirft. Auch die Authentizität von Absender und Empfänger muss sichergestellt sein.

Wie man auch immer in der Praxis vorgeht, entscheidend, neben schnellen Algorithmen zur Berechnung von e_k und d_k, ist die Sicherheit der Verfahren. Bei den symmetrischen Verfahren hängt sie von der Geheimhaltung des benutzten Schlüssels ab und nicht von der Geheimhaltung der Algorithmen zur Chiffrierung und Dechiffrierung. Bei den Public-Key-Verfahren liegt sie in der Geheimhaltung der Dechiffrierfunktion.

In der Praxis treten Klartexte mit gewissen Wahrscheinlichkeiten auf. Dementsprechend nehmen wir an, dass auf der Menge der Klartexte $\mathcal{P}$ eine Wahrscheinlichkeitsverteilung P gegeben ist. Mit $P(x|y)$ bezeichnen wir die bedingte Wahrscheinlichkeit, dass $x \in \mathcal{P}$ der Klartext bei gegebenem Chiffretext $y \in \mathcal{C}$ ist.

Shannon. Ein Kryptosystem heißt *perfekt sicher*, falls das Auftreten eines chiffrierten Textes y unabhängig vom Klartext ist, d.h. für alle $y \in \mathcal{C}$ und alle $x \in \mathcal{P}$ gilt

Definition

$$P(x|y) = P(x).$$

Perfektheit sichert also, dass bei gegebenem verschlüsselten Text jeder Klartext gleich wahrscheinlich ist. Genau dieses möchte man aus Sicherheitsgründen haben.

Nehmen wir einmal an, dass das Kryptosytem $\mathbb{K}$ perfekt sicher sei und dass $P(x) > 0$ ist für alle $x \in \mathcal{P}$. Die Bedingung $d_k e_k(x) = x$ für alle $x \in \mathcal{P}$ erzwingt die Injektivität von e_k, also $|\mathcal{P}| \leq |\mathcal{C}|$. Ist $y \in \mathcal{C}$ gegeben, so besagt die Perfektheit, dass

$$0 < P(x) = P(x|y) \quad \text{für alle} \quad x \in \mathcal{P}$$

ist. Somit existiert zu festem x und beliebigem $y \in \mathcal{C}$ ein $k \in \mathcal{K}$ mit $e_k(x) = y$, d.h. die Funktion $\varphi : \mathcal{K} \to \mathcal{C}$ mit $k \to e_k(x)$ ist also surjektiv. Dies impliziert $|\mathcal{K}| \geq |\mathcal{C}|$. Insgesamt erzwingt die Perfektheit also

$$|\mathcal{P}| \leq |\mathcal{C}| \leq |\mathcal{K}|.$$

Es muß also wenigstens soviele Schlüssel wie Klartexte geben. Das klassische Verfahren für perfekte Sicherheit liefert das *One Time Pad*.

Beispiel

One Time Pad. Seien $K = \mathbb{F}_2 = \{0,1\}$ und $n \in \mathbb{N}$. Wir setzen $\mathcal{P} = \mathcal{C} = \mathcal{K} = K^n$. Dabei ist n so groß gewählt, dass alle in Betracht kommenden Nachrichten die binäre Länge n haben. (Bei kürzeren Nachrichten wird mit Nullen aufgefüllt.)

Alice wählt, um eine Nachricht $x \in \mathcal{P}$ an Bob zu senden, einen zufälligen Schlüssel $k \in \mathcal{K}$ und schickt $e_k(x) = x + k$ an Bob. Kann Alice irgendwie geheim den Schlüssel k mit Bob austauschen, so kann er die Nachricht x direkt aus $e_k(x) + k = x$ ablesen.

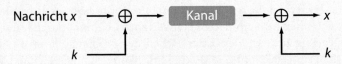

Satz

Das One Time Pad ist perfekt sicher, falls alle Schlüssel $k \in \mathcal{K}$ mit der gleichen Wahrscheinlichkeit, also $\frac{1}{|\mathcal{K}|} = \frac{1}{2^n}$, benutzt werden.

Beweis. Zunächst vermerken wir, dass zu beliebigen $x \in \mathcal{P}$ und $y \in \mathcal{C}$ genau ein $k \in \mathcal{K}$ existiert mit $e_k(x) = y$, nämlich $k = x + y$. Dies besagt, dass die Wahrscheinlichkeit $P(x,y)$ für das gemeinsame Auftreten von x und y gleich $\frac{P(x)}{|\mathcal{K}|}$ ist. Summieren wir dies über x bei festem y, so ist $Q(y) = \frac{1}{|\mathcal{K}|}$ die Wahrscheinlichkeit für das Auftreten von y. Insgesamt folgt also

$$P(x|y) = \frac{P(x,y)}{Q(y)} = \frac{P(x)}{|\mathcal{K}|}|\mathcal{K}| = P(x),$$

welches perfekte Sicherheit beweist. $\qquad\square$

Das One Time Pad bietet zwar perfekte Sicherheit, woran man interessiert ist, hat jedoch den großen Nachteil, dass man viel zu viele Schlüssel benötigt. Allein deren Verwaltung stellt ein kaum zu lösendes Problem dar. Auch der geheime Schlüsselaustausch, der im diplomatischen und militärischen Bereich wegen der geringen Anzahl vertrauenswürdiger Teilnehmer eine relativ hohe Sicherheit bietet, kann im öffentlichen Bereich aufgrund der riesigen Kommunikationsnetze nicht funktionieren. Man ist hier also gezwungen, auf Verfahren mit weniger Schlüsseln zurückzugreifen. Dies beinhaltet natürlich, dass derartige Verfahren nicht mehr perfekt sicher sein können, sondern nur noch berechnungssicher.

Definition

Ein Kryptosystem heißt *berechnungssicher*, falls man aus der Kenntnis von (k, e_k) mit $k \in \mathcal{K}$ mittels aller bekannten Algorithmen und allen zur Verfügung stehenden Rechnerressourcen die Dechiffrierfunktion d_k nicht in vertretbarer Zeit berechnen kann.

Dies ist natürlich keine Definition im strengen mathematischen Sinn. In vertretbarer Zeit bedeutet, dass eine Dechiffrierung von Unbefugten nicht bewerkstelligt werden kann, jedenfalls nicht in dem Zeitraum, in dem die Information geheim gehalten werden soll. Die Zeitspanne hängt offenbar von den Algorithmen und der Leistungsfähigkeit der Rechner ab, so dass die Verfahren von Zeit zu Zeit angepasst werden müssen.

◼ 11
Symmetrische Verfahren – die AES-Chiffrierung

Symmetrische Verfahren, bei denen also Schlüssel zwischen Sender und Empfänger ausgetauscht werden müssen, spielen in der Kryptographie auch heute noch trotz Einführung der Public-Key-Verfahren eine zentrale Rolle. Dies liegt daran, dass Public-Key-Verfahren langsam und dementsprechend teuer sind.

Akzeptable Sicherheit bei kleiner Schlüssellänge und schnelle Chiffrier- und Dechiffrieralgorithmen sind die entscheidenden Kriterien eines effizienten symmetrischen Kryptoverfahrens.

Mitte der siebziger Jahre wurde das DES-Verfahren (*Data Encryption Standard*) als Standard für symmetrische Verfahren vom National Bureau of Standards (heute NIST, *National Institute for Standards and Technology*) eingeführt, und es ist vermutlich das am häufigsten verwendete symmetrische Verschlüsselungsverfahren des letzten Jahrhunderts. Infolge der immer leistungsfähiger werdenden Computer nahmen in den neunziger Jahren die Bedenken gegenüber der Sicherheit des DES ständig zu. NIST hat daraufhin im Jahr 2001 als Nachfolger den AES (*Advanced Encryption Standard*) festgelegt. Nach seinen Entwicklern J. Daemen und V. Rijmen wird er auch *Rijndael-Algorithmus* genannt.

Der Rijndael-Algorithmus

Wir beschreiben den Algorithmus bei der kleinsten Blocklänge von 128 Bits, wie er im AES angewendet wird, und der kleinsten Schlüssellänge von ebenfalls 128 Bits. Der AES gestattet auch Schlüssellängen von 192 oder 256 Bits.

Die Blöcke

Die zu verschlüsselnde Bitfolge wird in Blöcke der Länge $128 = 8 \cdot 16$ aufgeteilt, wobei der erste Block die ersten 128 Bits bilden, der zweite die nächsten 128, usw. Wir betrachten nun den Körper $\mathbb{F}_{2^8} = \mathbb{F}_2[x]/g\mathbb{F}_2[x]$ mit dem irreduziblen Polynom

$$g = x^8 + x^4 + x^3 + x + 1 \in \mathbb{F}_2[x]$$

(siehe Abschnitt 22). Jedes Element

$$a_7 x^7 + a_6 x^6 + \ldots + a_0 + g\mathbb{F}_2[x]$$

aus $\mathbb{F}_{2^8}$ wird dabei eindeutig durch die Bitfolge

$$a_7 a_6 \ldots a_0$$

beschrieben und umgekehrt. Identifizieren wir so die binären 8-Tupel mit den Elementen aus $\mathbb{F}_{2^8}$, so besteht ein Block aus 16 Elementen aus $\mathbb{F}_{2^8}$, die wir spaltenweise in eine Matrix

$$M = \begin{pmatrix} a_{00} & a_{01} & a_{02} & a_{03} \\ a_{10} & a_{11} & a_{12} & a_{13} \\ a_{20} & a_{21} & a_{22} & a_{23} \\ a_{30} & a_{31} & a_{32} & a_{33} \end{pmatrix} \in (\mathbb{F}_{2^8})_{4,4}$$

schreiben. Der Rijndael-Algorithmus transformiert nun M iterativ über 10 Runden in eine neue Matrix $M' \in (\mathbb{F}_{2^8})_{4,4}$, die binär gelesen die Verschlüsselung der 128-Bit Ausgangsfolge ist.

Die Iteration

Die Iteration wird entsprechend des folgenden Diagramms durchgeführt.

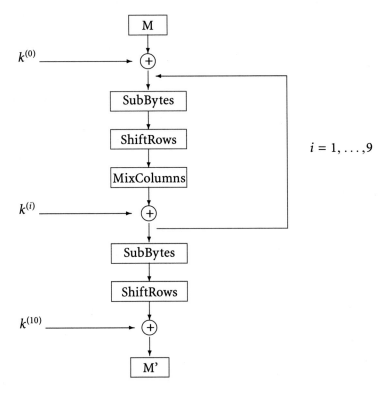

Die Schleife mit den Prozeduren *SubBytes, ShiftRows, MixColumns*, die eine Matrix aus $(\mathbb{F}_{2^8})_{4,4}$ in eine andere vom selben Typ transformieren, und der Addition des *Rundenschlüssels* wird dabei neunmal durchlaufen. In der letzten, der 10-ten Runde entfällt die Prozedur MixColumns (verkürzte Runde), da diese einzig eine verlängerte Laufzeit der Decodierung zur Folge hätte. Die Elemente $k^{(i)} \in (\mathbb{F}_{2^8})_{4,4}$ für $i = 1, \ldots 10$ sind Rundenschlüssel, die aus einem Anfangsschlüssel $k^{(0)}$ berechnet werden.

Die Substitution – SubBytes

Auf jeden Eintrag $a \in \mathbb{F}_{2^8}$ in der Matrix M wird die Substitution $S = g \circ f$ angewendet. Dabei sind f und g wie folgt definiert:

$$f(x) = \begin{cases} x^{-1}, & \text{falls } x \neq 0 \\ 0, & \text{falls } x = 0, \end{cases}$$

und

$$g \begin{pmatrix} x_7 \\ x_6 \\ x_5 \\ x_4 \\ x_3 \\ x_2 \\ x_1 \\ x_0 \end{pmatrix} = \begin{pmatrix} 1 & 1 & 1 & 1 & 1 & 0 & 0 & 0 \\ 0 & 1 & 1 & 1 & 1 & 1 & 0 & 0 \\ 0 & 0 & 1 & 1 & 1 & 1 & 1 & 0 \\ 0 & 0 & 0 & 1 & 1 & 1 & 1 & 1 \\ 1 & 0 & 0 & 0 & 1 & 1 & 1 & 1 \\ 1 & 1 & 0 & 0 & 0 & 1 & 1 & 1 \\ 1 & 1 & 1 & 0 & 0 & 0 & 1 & 1 \\ 1 & 1 & 1 & 1 & 0 & 0 & 0 & 1 \end{pmatrix} \begin{pmatrix} x_7 \\ x_6 \\ x_5 \\ x_4 \\ x_3 \\ x_2 \\ x_1 \\ x_0 \end{pmatrix} + \begin{pmatrix} 0 \\ 1 \\ 1 \\ 0 \\ 0 \\ 0 \\ 1 \\ 1 \end{pmatrix},$$

wobei die Elemente aus $\mathbb{F}_{2^8}$ als binäre 8-Tupel geschrieben sind. Die affine Abbildung g ist invertierbar (siehe Aufgabe 51), ebenso die Abbildung f, die aufgrund ihrer Nichtlinearität Verwirrung stiftet (siehe Aufgabe 54). Somit ist S invertierbar. Ferner gilt für alle x, dass $S(x) \notin \{x, \bar{x}\}$, wobei $\bar{x}$ aus x entsteht, indem man das binäre 8-Tupel x flippt, d.h. 0 und 1 vertauscht. Man nennt $\bar{x}$ auch das Boole'sche Komplement von x. Insbesondere hat S keine Fixpunkte. Die Werte $S(x)$ für $x \in \mathbb{F}_{2^8}$ sind in einer Tabelle, einer sogenannten S-Box, abgelegt und werden beim Aufruf von *SubBytes* aus dieser gelesen.

Die Permutation der Zeilen – ShiftRows

Hier wird jede der vier Zeilen zyklisch nach links verschoben, und zwar Zeile i für $i = 0, 1, 2, 3$ um i Stellen, d.h. es wird die Transformation

$$\begin{pmatrix} a_{00} & a_{01} & a_{02} & a_{03} \\ a_{10} & a_{11} & a_{12} & a_{13} \\ a_{20} & a_{21} & a_{22} & a_{23} \\ a_{30} & a_{31} & a_{32} & a_{33} \end{pmatrix} \rightarrow \begin{pmatrix} a_{00} & a_{01} & a_{02} & a_{03} \\ a_{11} & a_{12} & a_{13} & a_{10} \\ a_{22} & a_{23} & a_{20} & a_{21} \\ a_{33} & a_{30} & a_{31} & a_{32} \end{pmatrix}$$

ausgeführt. Diese Operation ist offenbar invertierbar.

Die Transformation der Spalten – MixColumns

In diesem Schritt wird eine Matrix $M \in (\mathbb{F}_{2^8})_{4,4}$ auf $TM \in (\mathbb{F}_{2^8})_{4,4}$ abgebildet, wobei $T \in (\mathbb{F}_{2^8})_{4,4}$ durch

$$T = \begin{pmatrix} a & b & 1 & 1 \\ 1 & a & b & 1 \\ 1 & 1 & a & 1 \\ b & 1 & 1 & a \end{pmatrix}$$

mit binär geschriebenen

$$a = 00000010 \quad \text{und} \quad b = 00000011 = 1 + a$$

gegeben ist. Da T eine invertierbare Matrix ist (siehe Aufgabe 52), ist auch die Abbildung $M \rightarrow TM$ invertierbar.

Konstruktion der Rundenschlüssel

Den Ausgangsschlüssel $k^{(0)}$ von 128 Bits, der zwischen Sender und Empfänger auszutauschen ist, schreiben wir als Matrix

$$k^{(0)} = (K[0] \ K[1] \ K[2] \ K[3]) \in (\mathbb{F}_{2^8})_{4,4}$$

mit den Spalten $K[i]$. Zu diesen vier Spalten werden nun 40 weitere Spalten $K[i]$ erzeugt. Sei bereits $K[i-1]$ mit $i \geq 4$ konstruiert. Wir setzen für $i \geq 4$ iterativ

$$K[i] = \begin{cases} K[i-4] + K[i-1], & \text{falls } 4 \nmid i \\ K[i-4] + RK[i-1], & \text{falls } 4 \mid i, \end{cases}$$

wobei die Abbildung $R : F^4 \rightarrow F^4$ mit $F = \mathbb{F}_{2^8}$ wie folgt definiert ist:

$$R \begin{pmatrix} k_1 \\ k_2 \\ k_3 \\ k_4 \end{pmatrix} = \begin{pmatrix} S(k_2) \\ S(k_3) \\ S(k_4) \\ S(k_1) \end{pmatrix} + \begin{pmatrix} a^{\frac{i-4}{4}} \\ 0 \\ 0 \\ 0 \end{pmatrix},$$

mit der Abbildung S aus der Prozedur *SubBytes* und $a \in \mathbb{F}_{2^8}$, welches binär geschrieben gleich

$$00000010$$

ist. Auf diese Weise werden die Spalten $K[4], \ldots, K[43]$ erzeugt. Der Rundenschlüssel $k^{(i)}$ für $i = 1, \ldots, 10$ besteht aus der Matrix

$$k^{(i)} = (K[4i] \ K[4i+1] \ K[4i+2] \ K[4i+3]) \in (\mathbb{F}_{2^8})_{4,4}.$$

Damit ist der Rijndael-Algorithmus komplett beschrieben. Da alle Operationen invertierbar sind, erhalten wir mittels den inversen Abbildungen unmittelbar die Dechiffriervorschrift. Sämtliche Operationen sind schnell ausführbar, so dass der Algorithmus effizient arbeitet. Die Sicherheit hängt von der Schwierigkeit ab, den Schlüssel $k^{(0)}$ zu finden. Bisher ist der Algorithmus resistent gegen alle bekannten Attacken. Selbst bei 7 Runden, d.h. die Iteration wird sechs mal durchlaufen plus eine verkürzte Abschlußrunde, kennt man bis heute keinerlei Methode, um den Schlüssel zu berechnen.

Jede der im Rijndael-Algorithmus verwendeten Prozeduren dient dazu, Verwirrung in der Verschlüsselung zu stiften. Wir wollen uns hier genauer eine Abbildung in *SubBytes* ansehen.

Sei $f : \mathbb{F}_{2^n} \to \mathbb{F}_{2^n}$ eine invertierbare Abbildung und $k \in \mathbb{F}_{2^n}$ ein Schlüssel, mit dem wir eine Nachricht $x \in \mathbb{F}_{2^n}$ zu $f(x+k)$ chiffrieren. Angenommen, die Abbildung f sei additiv, also $\mathbb{F}_2$-linear. Ein Angreifer kann dann den Schlüssel k durch Anwendung der Inversen von f aus

$$g(x) = f(x + k) + f(x) = f(x) + f(k) + f(x) = f(k)$$

gewinnen. In diesem Fall gilt

$$|\{f(x + k) + f(x) \mid x \in \mathbb{F}_{2^n}\}| = 1.$$

Um dem Auffinden des Schlüssels entgegenzuwirken, sollten wir also keine linearen f verwenden, sondern solche, für die

$$N_f = |\{g(x) = f(x + k) + f(x) \mid x \in \mathbb{F}_{2^n}\}|$$

für alle $0 \neq k \in \mathbb{F}_{2^n}$ möglichst groß ist. Wegen $g(x) = g(x + k)$ für alle x, k gilt

$$N_f \leq 2^{n-1}.$$

Funktionen, für die der maximale Wert, also $N_f = 2^{n-1}$ für alle $0 \neq k \in \mathbb{F}_{2^n}$ angenommen wird, nennt man *APN-Funktionen* (*A*lmost *P*erfect *N*onlinear). Sie stiften also maximal viel Verwirrung hinsichtlich der Schlüsselbestimmung.

Man kann nun zeigen (siehe Aufgabe 54), dass die Abbildung $f : \mathbb{F}_{2^n} \to \mathbb{F}_{2^n}$ mit

$$f(x) = \begin{cases} x^{-1}, & \text{falls } x \neq 0, \\ 0, & \text{falls } x = 0 \end{cases}$$

für ungerades n eine APN-Funktion ist. Für n gerade ist $N_f = 2^{n-1} - 1$. Eine solche wird für $n = 8$ in *SubBytes* verwendet. Es ist bis heute offen, ob für gerade n invertierbare APN-Funktionen existieren.

Sehr viel mehr über den Rijndael-Algorithmus, insbesondere über seine Sicherheit, erfährt man in dem Buch [9] seiner Erfinder. Neben dem AES gibt es weitere effiziente symmetrische Verfahren, die in der Praxis Anwendung finden. Es seien hier die LFSR(*Linear Feedback Shift Register*)-basierten Verfahren genannt. Die binäre Zufallsfolge, die beim One Time Pad zur Bitfolge der Nachricht addiert wird, wird hier durch eine binäre Pseudo-Zufallsfolge ersetzt. Zur Erzeugung dieser verwendet man k parallel geschaltete Schieberegister und unterwirft das ausgehende binäre k-Tupel einer nichtlinearen Boole'schen Funktion. Sie zerstört die durch die Schieberegister verursachte Linearität und stiftet dadurch Verwirrung. Gegenüber dem One Time Pad bleibt so die Schlüssellänge, die durch die Angabe der erzeugenden Polynome der Schieberegister und die Boole'sche Funktion bestimmt wird, wie beim AES relativ klein. Dem interessierten Leser sei zu diesem Themenkreis Kapitel 4 in [8] empfohlen.

Übungsaufgaben

Aufgabe 51. Zeigen Sie, dass die affine Abbildung g in *SubBytes* invertierbar ist.

Aufgabe 52. a) Beweisen Sie, dass die Matrix T in *MixColumns* invertierbar ist.
b) Berechnen Sie die inverse Matrix von T.
Hinweis: Benutzen Sie ein Computer-Algebrasystem.

Aufgabe 53. Sei $K = \mathbb{F}_{2^n}$ und $a \in K$. Hat die Gleichung $x^2 + x = a$ eine Lösung in K, so gilt $a + a^2 + \ldots + a^{2^{n-1}} = 0$.
Hinweis: Betrachten Sie $x^2 + x = a$, $x^4 + x^2 = a^2$, usw.

Aufgabe 54. Sei $n \in \mathbb{N}$ ungerade. Beweisen Sie, dass $f : \mathbb{F}_{2^n} \to \mathbb{F}_{2^n}$ mit

$$f(x) = \begin{cases} x^{-1}, & \text{falls } x \neq 0, \\ 0, & \text{falls } x = 0 \end{cases}$$

eine APN-Funktion ist.
Hinweis: Es gilt $f(x) = x^{2^n - 2}$. Zeigen Sie, dass $f(x + k) + f(x) = b$ für alle $b \in \mathbb{F}_{2^n}$ und $0 \neq k \in \mathbb{F}_{2^n}$ keine oder genau 2 Lösungen hat. Wir dürfen $k = 1$ annehmen. Sind $x \neq 0 \neq x + 1$ Lösungen, so sind es die einzigen. Untersuchen Sie nun den Fall, dass $x = 0$ und $x = 1$ Lösungen sind, und benutzen Sie Aufgabe 53.

■ 12
Public-Key-Kryptographie

Bei symmetrischen Verfahren wie dem AES müssen Schlüssel zwischen Sender und Empfänger ausgetauscht werden, bevor die eigentliche Nachricht chiffriert werden kann. Im Jahr 1976 haben nun Diffie und Hellman entdeckt, wie man den Schlüsselaustausch komplett vermeiden und trotzdem berechnungssicher Nachrichten chiffrieren kann. Die Idee, der von ihnen in der Arbeit [11] vorgeschlagenen *Public-Key-Kryptosysteme*, die die Kryptographie bahnbrechend verändert hat, ist überraschend einfach:

Jeder Teilnehmer T eines Kommunikationsnetzes gibt öffentlich seinen Schlüssel t und die zugehörige Chiffrierfunktion e_t bekannt. Dies kann in einem Buch, ähnlich des Telefonbuchs, geschehen. Die Dechiffrierfunktion d_t hält T geheim und sie kann von anderen in vertretbarer Zeit nicht aus e_t berechnet werden. Wir nennen (t, e_t) den *öffentlichen Schlüssel* und d_t den *privaten Schlüssel* von T. Will Alice eine Nachricht x an Bob senden, so findet sie im „Telefonbuch" Bobs öffentlichen Schlüssel, etwa (b, e_b). Sie sendet $e_b(x)$, aus der Bob dann die Nachricht $x = d_b e_b(x)$ wegen der Kenntnis von d_b bestimmen kann. Wir formalisieren dies nun wie folgt:

Definition   Seien X und Y Mengen. Eine injektive Funktion $f : X \to Y$ heißt eine *Einwegfunktion* (*one way function*), falls man für jedes $x \in X$ den Funktionswert $y = f(x)$ schnell berechnen, aber für jedes beliebig vorgegebene $y \in \text{Bild} f \subseteq Y$

das Urbild $f^{-1}(y) = x$ in vertretbarer Zeit nicht finden kann. Dies soll nur mittels allgemein unbekannter Zusatzinformation möglich sein.

Wie an anderer Stelle bereits geschehen, ist auch dies keine Definition im strengen Sinn. Zwar kann man den Begriff Einwegfunktion mathematisch exakt mit Hilfe der Komplexitätstheorie und Turing Maschinen fassen, aber bis heute ist die Existenz einer solchen Funktion nicht nachweisbar. Ferner hängt die Definition wieder von der Leistungsfähigkeit der Rechner ab.

Ein Kryptosystem $\mathbb{K}$ heißt ein *Public-Key-Kryptosystem*, falls alle Chiffrier- **Definition** funktionen e_k mit $k \in \mathcal{K}$ Einwegfunktionen sind.

Public-Key-Kryptosysteme sind also berechnungssicher. Wie bereits gesagt, kennt man bis heute keine Funktion, für die man die Eigenschaft Einwegfunktion beweisen kann. Es werden jedoch sowohl das Potenzieren von Elementen großer Ordnung in geeigneten Gruppen als auch die Multipikation großer ganzer Zahlen als Einwegfunktionen angesehen.

(von Einwegfunktionen) **Beispiele**

(1) Berechnung des Diskreten Logarithmus. Sei G eine Gruppe und $g \in G$ von endlicher Ordnung n. Dann ist die Abbildung

$$f : \mathbb{Z}_n \to \langle g \rangle \subseteq G \quad \text{mit } x \mapsto f(x) = g^x$$

eine Bijektion. Die Umkehrabbildung bezeichnen wir mit $\log_g$ und nennen sie den *Diskreten Logarithmus* auf $\langle g \rangle$, d.h. ist $h = g^x$, so gilt $x = \log_g h$. Für großes n und geeigneter Gruppe G wird f häufig als Einwegfunktion angesehen. Als Gruppe kann man zum Beispiel die multiplikative Gruppe eines endlichen Körpers wählen, die zyklisch ist (siehe Abschnitt 22), oder die Punkte auf einer *elliptischen Kurve*, die eine abelsche Gruppe bilden. Die Wahlen sind sorgfältig zu treffen, so dass bekannte Algorithmen den Diskreten Logarithmus in vertretbarer Zeit nicht berechnen können (siehe Abschnitt 16). Ist zum Beispiel $G = \mathbb{Z}_p^*$, so sollte p wenigstens 1024 Bits lang sein und $p - 1$ darf nicht nur kleine Primteiler haben. Letzteres kann man erreichen, indem man p als sogenannte *sichere Primzahl* wählt, d.h. von der Form $p = 2q + 1$, wobei q ebenfalls eine Primzahl ist.

(2) Faktorisierung großer Zahlen. Für große ganze Zahlen kann man im allgemeinen die Primfaktorzerlegung nicht berechnen. So ist die Faktorisierung von $n = pq$, wobei p und q verschiedene, etwa gleich große Primzahlen sind, und n mindestens 1024, besser 2048 Bits hat, in vertretbarer Zeit nicht durchführbar. Die Multiplikation großer Zahlen kann also als Einwegfunktion angesehen werden. Diese Tatsache bildet die Grundlage des RSA-Verfahrens, welches wir als nächstes behandeln. Wie beim Diskreten Logarithmus gibt es natürlich gewisse Situationen, in denen schnell faktorisiert werden kann, etwa wenn $p - 1$ und

$q - 1$ nur kleine Primteiler haben, welches man wieder durch die Wahl sicherer Primzahlen verhindern kann (siehe Abschnitt 19).

Für die Faktorisierung gewisser Zahlen, die ein Produkt von zwei Primzahlen sind, hat die Firma RSA Laboratories Preise ausgesetzt. Diese Zahlen sind so gewählt, dass alle bisher bekannten Faktorisierungsalgorithmen nicht greifen. Die kleinste zur Drucklegung des Buches offene RSA-Zahl hat 704 Binärstellen, deren erfolgreiche Faktorisierung 30 000 US Dollar einbringt; siehe dazu die Internetseite
http://mathworld.wolfram.com/RSANumber.html.

Im Jahr 1978 haben *Rivest*, *Shamir* und *Adleman* das heute nach ihnen benannte RSA-Verfahren vorgestellt, dessen Sicherheit auf der Schwierigkeit der Faktorisierung beruht. Es gehört zu den Public-Key-Verfahren, bei denen also ein Schlüssel auf privater Ebene nicht mehr ausgetauscht wird. Das Verfahren war vorher im wesentlichen bereits dem britischen Geheimdienst bekannt. Zur Historie sei hier das empfehlenswerte Buch *Geheime Botschaften* von Simon Singh [35] genannt.

Die RSA-Verschlüsselung

Bob wählt zwei große Primzahlen $p \neq q$, berechnet dann $n = pq$ und weiterhin $\varphi(n) = \varphi(p)\varphi(q) = (p-1)(q-1)$. Er wählt ferner ein $e \in \mathbb{N}$ mit $1 < e < \varphi(n)$, welches zu $\varphi(n)$ teilerfremd ist, und bestimmt dann ein $d \in \mathbb{N}$ mit

$$ed \equiv 1 \bmod \varphi(n).$$

Bob gibt den öffentlichen Schlüssel (n, e) bekannt, hält aber d, den privaten Schlüssel, geheim. Alice kann nun eine Nachricht, die aus einem oder mehreren Elementen aus $\mathbb{Z}_n$ besteht, mittels der Chiffrierfunktion

$$e_B : \mathcal{P} = \mathbb{Z}_n \to \mathcal{C} = \mathbb{Z}_n, \qquad x \mapsto y = x^e \bmod n$$

an Bob senden. Er kann dann die verschlüsselte Nachricht vermöge der Dechiffrierfunktion

$$d_B : \mathcal{C} = \mathbb{Z}_n \to \mathcal{P} = \mathbb{Z}_n, \qquad y \mapsto y^d \bmod n$$

entschlüsseln, denn es gilt:

Satz | $d_B e_B(x) = x$ für alle $x \in \mathbb{Z}_n$.

Beweis. Dazu haben wir $x \equiv x^{ed} \bmod n$ für $x \in \mathbb{Z}$ nachzuweisen. Für $x = 0$ ist nichts zu zeigen. Sei $x \neq 0$. Wir betrachten zunächst den Fall, dass $p \nmid x$ und $q \nmid x$. Wegen $ed = 1 + z\varphi(n)$ für ein geeignetes $z \in \mathbb{N}$ gilt

$$x^{ed} = x(x^{\varphi(n)})^z.$$

Der Satz von Euler (siehe Abschnitt 21) besagt nun, dass $x^{\varphi(n)} \equiv 1 \bmod n$ ist, und es folgt

$$x^{ed} = x(x^{\varphi(n)})^z \equiv x \bmod n.$$

Sei nun $p \mid x$, aber $q \nmid x$, welches aus Symmetriegründen ebenfalls den Fall $q \mid x$ und $p \nmid x$ abdeckt. Wegen $\varphi(n) = \varphi(p)\varphi(q)$ erhalten wir

$$x^{ed} = x(x^{\varphi(n)})^z = x(x^{\varphi(q)})^{\varphi(p)z}.$$

Benutzen wir nun, wieder nach Euler, $x^{\varphi(q)} \equiv 1 \bmod q$, so folgt

$$x^{ed} = x(x^{\varphi(q)})^{\varphi(p)z} \equiv x \bmod q.$$

Weiterhin gilt $p \mid x^{ed} - x$ wegen $p \mid x$. Wir erhalten somit $n = pq \mid x^{ed} - x$, also $x^{ed} \equiv x \bmod n$. $\qquad\square$

Möchte ein Unbefugter RSA-verschlüsselte Nachrichten dechiffrieren, so muss er die Kongruenz $x^e \equiv y \bmod n$ zu vorgegebenem y lösen. Wegen $y^d \equiv x \bmod n$ könnte er versuchen, sich irgendwie d zu verschaffen. Will er d direkt aus der Kongruenz $ed \equiv 1 \bmod \varphi(n)$ berechnen, so muss er $\varphi(n)$ kennen, was äquivalent ist zur Faktorisierung von n in die beiden Primteiler p und q, denn:

- Kennt man die Faktorisierung $n = pq$, so auch $\varphi(n) = (p-1)(q-1)$.
- Ist umgekehrt $\varphi(n)$ bekannt, so lassen sich die Primzahlen p und q als Nullstellen der quadratischen Gleichung

$$x^2 - (n + 1 - \varphi(n))x + n = x^2 - (p+q)x + pq = (x-p)(x-q)$$

berechnen.

Man kann sogar zeigen, dass sich allein aus der Kenntnis von d die beiden Primfaktoren p und q mit hoher Wahrscheinlichkeit berechnen lassen. Grob gesprochen besagt dies, dass die Bestimmung von d etwa vom gleichen Schwierigkeitsgrad wie die Faktorisierung von n ist.

Das RSA-Verfahren erfordert große Primzahlen. Wie man diese findet, behandeln wir in den Abschnitten 17 und 18. Ferner sind e und d zu bestimmen. Die Zahl e wählt man zufällig und testet die Teilerfremdheit mittels des Euklidischen Algorithmus. Der Erweiterte Euklidische Algorithmus (siehe Abschnitt 21) liefert die Bézout Koeffizienten $a, b \in \mathbb{Z}$, so dass $ae + b\varphi(n) = 1$ gilt. Wir können dann $d \equiv a \bmod \varphi(n)$ wählen. Die Chiffrierung $x \mapsto x^e \bmod n$ und ebenso die Dechiffrierung $y \mapsto y^d \bmod n$ berechnet man effizient auf folgende Weise.

Wiederholtes Quadrieren

Man schreibt e 2-adisch, d.h.

$$e = a_0 + 2a_1 + 2^2 a_2 + \ldots 2^k a_k$$

mit $a_j \in \{0, 1\}$. Dann ist $x^e = x^{a_0}(x^2)^{a_1}(x^4)^{a_2} \ldots + (x^{2^k})^{a_k}$. Die Zahl x wird also immer nur quadriert und je nach dem Wert der a_j aufmultipliziert. Da die Werte schnell groß werden, rechnet man in jedem Schritt modulo n, welches für die Chiffrierung und Dechiffrierung genügt.

Beispiel   Wir demonstrieren das RSA-Verfahren an einem Beispiel mit „kleinen" Zahlen. Bob wählt $n = 133 = 7 \cdot 19$ und berechnet $\varphi(n) = 6 \cdot 18 = 108$. Er macht seinen öffentlichen Schlüssel $(n,e) = (133,5)$ bekannt. Mittels des Erweiterten Euklidischen Algorithmus erhält er

$$1 = 2 \cdot 108 - 43 \cdot 5.$$

Sein geheimer Schlüssel ist also $-43 \equiv 65 \bmod 108$. Möchte Alice die Zahl 7 an Bob senden, so verschlüsselt sie diese mittels des öffentlichen Schlüssels $e = 5$ zu

$$7^5 = 16807 \equiv 49 \bmod 133.$$

Bob entschlüsselt die empfangene Zahl 49 vermöge seines geheimen Schlüssels $d = 65$ zu

$$49^{65} \equiv 7 \bmod 133.$$

Anwendungen von RSA in der Praxis

Das RSA-Verfahren findet heute als Datensicherungslösung in vielen kommerziellen Produkten Anwendung. Es seien hier nur einige genannt.

SSH (Secure Shell): Dies ist ein Netzwerkprotokoll, mit dem man sich auf einem entfernten Rechner einloggen und Programme ausführen kann. Es ermöglicht eine sichere Verbindung zwischen Rechnern über einen unsicheren Kanal. Das RSA-Verfahren wird nur zur Herstellung der Verbindung benutzt. Zur Verschlüsselung der eigentlichen Kommunikation werden schnelle symmetrische Verfahren, wie etwa AES, verwendet. SSH ist also eine hybride Verschlüsselung.

SSL (Secure Socket Layer): Dies ist ein von Netscape entwickeltes Verschlüsselungsprotokoll für Datenübertragungen im Internet. Es wird vor allem bei `https`-Verbindungen im World Wide Web eingesetzt.

PGP (Pretty Good Privacy): Dies ist ein von Phil Zimmermann entwickeltes Softwarepaket für den privaten Gebrauch, mittels dessen man elektronische Nachrichten verschlüsseln kann. Es ist wie SSH ein hybrides Verfahren. Zum Schlüsselaustausch wurde in den Anfangsjahren RSA verwendet. Seit Ende 2002 wird das ElGamal-Verfahren eingesetzt, welches wir nun behandeln.

Während das RSA-Verfahren auf der Schwierigkeit der Faktorisierung beruht, nutzt die 1985 von ElGamal vorgeschlagene Chiffrierung die Schwierigkeit der Berechnung des Diskreten Logarithmus aus.

Die ElGamal-Verschlüsselung

Bob wählt eine große Primzahl p. Weiterhin wählt er einen Erzeuger α für die zyklische Gruppe $\mathbb{Z}_p^*$ (siehe Abschnitt 22) und ein $a \in \mathbb{N}$ mit $2 \leq a \leq p - 2$. Dann berechnet er $\beta = \alpha^a \bmod p$. Als öffentlichen Schlüssel gibt er das Tripel (p,α,β) bekannt und hält die Zahl a geheim.

Will Alice an Bob eine Nachricht $x \in \mathbb{Z}_p = \mathcal{P}$ senden, so wählt sie ein zufälliges k mit $2 \leq k \leq p - 2$ und verschlüsselt x zum Paar $(y_1, y_2) = \mathbb{Z}_p \times \mathbb{Z}_p = \mathcal{C}$, wobei

$$y_1 \equiv \alpha^k \bmod p \quad \text{und} \quad y_2 \equiv x\beta^k \bmod p.$$

Bob entschlüsselt (y_1, y_2) mittels

$$(y_1, y_2) \mapsto y_2(y_1^a)^{-1} \bmod p.$$

Dass die Dechiffrierung wieder die gesendete Nachricht x ergibt, folgt aus

$$
\begin{aligned}
y_2(y_1^a)^{-1} &\equiv (x\beta^k)(\alpha^{ak})^{-1} \bmod p \\
&\equiv (x\beta^k)(\beta^k)^{-1} \bmod p \\
&\equiv x \bmod p.
\end{aligned}
$$

Beim ElGamal-Verfahren wird also die Nachricht x durch Multiplikation mit β^k in $x\beta^k \bmod p$ versteckt. Könnte man den Diskreten Logarithmus in $\mathbb{Z}_p^*$ effizient lösen, so könnte man k aus $y_1 \equiv \alpha^k \bmod p$ bestimmen und dann x aus der Kongruenz $y_2 \equiv x\beta^k \bmod p$ berechnen.

Wir betrachten wieder ein „kleines" Beispiel. Sei $p = 2 \cdot 53 + 1 = 107$. Wegen   **Beispiel**

$$2^{53} \equiv 106 \equiv -1 \bmod 107$$

hat 2 in der Gruppe $\mathbb{Z}_{107}^*$ die Ordnung 106, ist also ein Erzeuger für $\mathbb{Z}_{107}^*$. Bob wählt $a = 51$ und berechnet

$$\beta \equiv 2^{51} \equiv 80 \bmod 107.$$

Als öffentlichen Schlüssel gibt er $(p, \alpha, \beta) = (107, 2, 80)$ bekannt und hält $a = 51$ geheim. Alice möchte $x = 83$ an Bob senden und wählt dazu $k = 17$. Sie verschickt

$$y_1 \equiv 2^k \equiv 104 \bmod 107 \quad \text{und} \quad y_2 \equiv x\beta^k \equiv 74 \bmod 107.$$

Bob berechnet
$$y_2(y_1^a)^{-1} \equiv 74 \cdot (104^{51})^{-1} \equiv 83 \bmod 107$$

und erhält so die Nachricht $x = 83$.

Sowohl die RSA- als auch die ElGamal-Verschlüsselung bedingen ein mehrfaches an Aufwand im Vergleich zu symmetrischen Verfahren. Es ist daher sinnvoll, lange Nachrichten symmetrisch zu verschlüsseln. Hier müssen sich die beiden kommunizierenden Parteien auf einen gemeinsamen Schlüssel einigen, der das symmetrische Chiffrierverfahren festlegt. Diffie und Hellman haben dazu in [11] die folgende Vorgehensweise vorgeschlagen.

Der Diffie-Hellman-Schlüsselaustausch

Öffentlich bekannt sei die Gruppe G und ein Element $g \in G$ von der Ordnung n. Alice und Bob vereinbaren einen gemeinsamen Schlüssel, d.h. eine gewisse Potenz von g, wie folgt:

(1) Alice wählt ein zufälliges $a \in \{2, \ldots, n-1\}$ und sendet g^a zu Bob.
(2) Bob wählt ein zufälliges $b \in \{2, \ldots, n-1\}$, sendet g^b zu Alice und berechnet $(g^a)^b = g^{ab}$.
(3) Alice berechnet $(g^b)^a = g^{ba}$.

Der vereinbarte gemeinsame Schlüssel ist $g^{ab} = g^{ba}$, den sowohl Alice und Bob dann kennen.

Ein Unbefugter kennt das öffentliche g und unter Umständen g^a und g^b, falls er diese etwa im Kanal abfangen kann. Ist er in der Lage, den Diskreten Logarithmus effizient zu berechnen, so findet er a und b und hat dann den Schlüssel g^{ab}. Bisher ist nicht bekannt, ob das Problem des Auffindens des gemeinsamen Schlüssels im obigen Diffie-Hellman-Protokoll stets gleichwertig mit der Berechenbarkeit des Diskreten Logarithmus ist. Mehr zu diesem Problemkreis findet man in [5].

Ein derartiges Austauschprotokoll für Schlüssel lässt offenbar die zentrale Frage nach der *Authentizität* offen. Woher weiß Alice, dass sie den Schlüssel wirklich mit Bob ausgetauscht hat und nicht mit einem Bösewicht, nennen wir ihn Oskar, der sich im Kanal zwischen Alice und Bob geschoben hat. Alice tauscht dann, ohne es zu wissen, mit Oskar Nachrichten über den gemeinsamen Schlüssel g^{ao} aus und dieser dann mit Bob über g^{bo}, wobei g^o der Schlüssel von Oskar ist. Er kann so Information von Alice an Bob verfälschen, ohne dass beide etwas merken.

Ähnlich muss auch bei öffentlich bekanntgegebenen Schlüsseln in Public-Key-Verfahren sichergestellt sein, dass der angegebene Schlüssel wirklich zu der Person gehört, mit der man kommunizieren möchte.

Dieses Authentizitätsproblem wird heute mittels vertrauenswürdiger Instanzen gelöst, die Zertifikate für die Schlüssel der Benutzer ausstellen. Diese hängen vom Problem ab, ob man ein Public-Key-Verfahren für die Kommunikation benutzt oder nur, wie beim Diffie-Hellman-Protokoll, einen gemeinsamen Schlüssel für ein symmetrisches Verfahren vereinbaren will. Genaueres zu den eigentlichen Protokollen findet man etwa in ([39], Kapitel 8).

Übungsaufgaben

Aufgabe 55. Funktioniert das RSA-Verfahren auch, wenn $n = p_1 p_2 p_3$ mit paarweise verschiedenen Primzahlen p_i ist?

Aufgabe 56. Warum sollten die beiden Primzahlen in der RSA-Verschlüsselung verschieden sein?

■ 13
Signaturen

Signaturen sind digitale Unterschriften, die bei elektronischen Nachrichten häufig unerlässlich sind. Man denke zum Beispiel an einen Kaufvertrag, ein Bankgeschäft, eine Einzugsermächtigung oder eine wichtige E-Mail. Beim Entwurf derartiger Signaturen sollte folgendes beachtet werden:

- Die digitale Unterschrift darf nicht einfach an die eigentliche Nachricht angehängt werden, da sie sonst leicht abgeschnitten und durch eine falsche ersetzt werden kann. Sie sollte also irgendwie direkt mit dem Text verwoben sein.
- Jede Kopie einer elektronisch unterschriebenen Nachricht ist mit dem Original identisch.
- Wie bei handgeschriebenen Unterschriften, etwa dem Vergleich der Unterschrift mit der auf der Kreditkarte gegebenen, sollte jeder in der Lage sein, die Unterschrift zu prüfen. Es sollte also einen öffentlichen Verifikationsalgorithmus geben.

Dies sind nur einige der Probleme, die digitale Signaturen aufwerfen.

Ein *Signatur-System* S ist ein Tripel $(\mathcal{P}, \mathcal{U}, \mathcal{K})$ bestehend aus endlichen Mengen **Definition**

$$\mathcal{P}, \quad \text{den Nachrichten}$$
$$\mathcal{U}, \quad \text{den Unterschriften}$$
$$\mathcal{K}, \quad \text{den Schlüsseln.}$$

Weiterhin gilt: Für jedes $k \in \mathcal{K}$ existieren Funktionen, sogenannte *Signaturen*

$$u_k : \mathcal{P} \to \mathcal{U}$$

und *Verifikationsfunktionen*

$$v_k : \mathcal{P} \times \mathcal{U} \to \{\text{wahr}, \text{falsch}\},$$

wobei für $x \in \mathcal{P}$ und $u \in \mathcal{U}$

$$v_k(x, u) = \begin{cases} \text{wahr}, & \text{falls } u_k(x) = u \\ \text{falsch}, & \text{sonst.} \end{cases}$$

Die Signatur u_k liefert also die Unterschrift unter eine Nachricht und mit der Verifikation v_k wird sie geprüft. In den Anwendungen sollten gemäß der obigen Ausführungen alle v_k öffentlich bekannt sein. Ferner darf ein Angreifer keine Möglichkeit besitzen, eine Unterschrift zu fälschen, d.h. nur der eigentliche Sender der Nachricht x kann die Unterschrift u geben, für die $v_k(x, u) = $ wahr ist.

Die RSA-Signatur

Sei wie in der RSA-Verschlüsselung $n = pq$ ein Produkt von zwei großen Primzahlen $p \neq q$. Weiterhin besitze Alice den öffentlichen Schlüssel (n,e) und den privaten d mit $ed \equiv 1 \bmod \varphi(n)$, wobei $1 < e,d < \varphi(n)$. Sie möchte nun Nachrichten $x \in \mathbb{Z}_n = \mathcal{P}$ unterschreiben. Dazu berechnet sie

$$u = u(x) \equiv x^d \bmod n \in \mathbb{Z}_n = \mathcal{U}$$

und gibt als Verifikation

$$v(x,u) = \begin{cases} \text{wahr,} & \text{falls } x \equiv u^e \bmod n \\ \text{falsch,} & \text{sonst} \end{cases}$$

bekannt.

Man beachte, dass jeder die Unterschrift von Alice nachvollziehen kann, da e im öffentlichen Schlüssel von Alice enthalten ist. Ergibt beim Nachprüfen nun $u^e \not\equiv x \bmod n$, so folgt

$$u \equiv u^{ed} \not\equiv x^d \bmod n,$$

da das Potenzieren mit d auf $\mathbb{Z}_n$ injektiv ist, d.h. die Unterschrift gehört nicht zur Nachricht x von Alice. Sie ist also falsch. Will Oskar die Unterschrift fälschen, so muss er d bestimmen, welches er in vertretbarer Zeit nicht kann. Liefert die Verifikation also „wahr", so sollte die Nachricht wirklich von Alice sein.

Dabei muss allerdings die Authentizität des öffentlichen Schlüssels gewährleistet sein, etwa durch ein Zertifikat einer vertrauenswürdigen Einrichtung, denn sonst könnte Oskar, der Bösewicht, seinen eigenen Schlüssel als den Schlüssel von Alice an Bob weitergeben, der dann Nachrichten von Oskar als authentische Nachrichten von Alice ansehen würde.

Statt des RSA-Verfahrens kann auch das ElGamal-Verfahren zur Signatur verwendet werden.

Die ElGamal-Signatur

Wie bei der ElGamal-Verschlüsselung sei p eine große Primzahl. Sei α ein Erzeuger von $\mathbb{Z}_p^*$ und $\beta = \alpha^a \bmod p$ für ein $a \in \{2, \ldots, p-2\}$. Alice besitze den öffentlichen Schlüssel (p,α,β). Will sie eine Nachricht $x \in \mathbb{Z}_p = \mathcal{P}$ unterschreiben, so wählt sie ein zufälliges $1 \leq k \leq p-2$, welches zu $p-1$ teilerfremd ist, und signiert vermöge der Abbildung

$$x \mapsto (u_1,u_2) \in \mathbb{Z}_p \times \mathbb{Z}_{p-1} = \mathcal{U},$$

wobei

$$u_1 \equiv \alpha^k \bmod p \quad \text{und} \quad u_2 \equiv (x - au_1)k^{-1} \bmod (p-1).$$

Als Verifikation gibt sie öffentlich

$$v(x, u_1, u_2) = \begin{cases} \text{wahr,} & \text{falls } \beta^{u_1} u_1^{u_2} \equiv \alpha^x \bmod p \\ \text{falsch,} & \text{sonst} \end{cases}$$

bekannt.

Bemerkungen zur ElGamal-Signatur

(1) Man beachte, dass der Faktor $k^{-1} \bmod (p-1)$ existiert, da k und $p-1$ teilerfremd sind.

(2) Ist (u_1, u_2) die Signatur von Alice für x, so gilt

$$\beta^{u_1} u_1^{u_2} \equiv \alpha^{au_1} \alpha^{k(x-au_1)k^{-1}} \equiv \alpha^x \bmod p.$$

Dies besagt: Ist die Signatur authentisch, also von Alice, und kann niemand sie fälschen, so kann Bob prüfen, ob die Nachricht x wirklich von Alice stammt.

(3) Die Zufallszahl k muss geheim bleiben, denn sonst kann Oskar, falls er zufällig die Nachricht x und deren Signatur (u_1, u_2) kennt,

$$a \equiv (x - ku_2)u_1^{-1} \bmod (p-1),$$

also den geheimen Schlüssel von Alice, berechnen.

(4) Bei jeder Signatur sollte eine neue Zufallszahl k gewählt werden. Ansonsten kann Oskar sie u.U. finden (siehe Aufgabe 57). Anwendung von (3) liefert ihm dann auch den geheimen Schlüssel a von Alice.

(5) Angenommen, Oskar möchte die Signatur für x fälschen. Gibt er u_1 vor, so muss er u_2 bestimmen. Wegen $\beta^{u_1} u_1^{u_2} \equiv \alpha^x \bmod p$ ist er gezwungen, den Diskreten Logarithmus

$$u_2 = \log_{u_1} \alpha^x \beta^{-u_1}$$

zu lösen. Gibt er hingegen u_2 vor, so hat er u_1 mit

$$\beta^{u_1} u_1^{u_2} \equiv \alpha^x \bmod p$$

zu finden, wofür kein effizienter Algorithmus bekannt ist.

Der aufmerksame Leser wird festgestellt haben, dass die RSA-Signatur von der gleichen Länge wie die Nachricht ist, die ElGamal-Signatur sogar doppelt so lang. Dies bedingt einen hohen Aufwand, den man reduzieren möchte. Man behilft sich hier mit sogenannten *Hash-Funktionen*, die aus Nachrichten x beliebiger Bitlänge eine Zusammenfassung $h(x)$ festgelegter „kleiner" Bitlänge macht. Eine Hash-Funktion liefert sozusagen zu jeder Nachricht einen *Fingerabdruck*, der dann signiert wird. Derartige Funktionen sind Gegenstand des nächsten Abschnitts.

Übungsaufgaben

Aufgabe 57. Wie kann Oskar die Zufallszahl k bei der ElGamal-Signatur finden, wenn Alice das gleiche k zur Signatur zweier verschiedener Nachrichten benutzt?

Aufgabe 58. Alice besitze den öffentlichen Schlüssel $(p, \alpha, \beta) = (107, 2, 80)$. Als Verifikation für eine ElGamal-Signatur gibt sie

$$v(x, u_1, u_2) = \text{wahr} \quad \Longleftrightarrow \quad 80^{u_1} u_1^{u_2} \equiv 2^x \bmod 107$$

bekannt. Alice signiert die Nachricht x mit $(9, 93)$. Welche der folgenden Nachrichten $x = 10$, $x = 83$, $x = 17$ ist sicher nicht von Alice, also gefälscht?

■ 14
Hash-Funktionen

Hash-Funktionen bilden „lange" Bitsequenzen auf „kurze" ab. Sie werden nicht nur bei Signaturen eingesetzt, sondern finden auch anderweitig vielfach Einsatz, etwa beim Aufspüren von Viren oder beim Test, ob Daten über eine Zeitspanne hinweg verändert wurden (*Datenintegrität*). Mit $\mathbb{Z}_2^\infty$ bezeichnen wir im Folgenden die Menge der Bitfolgen beliebiger endlicher Länge.

Definition   Sei $n \in \mathbb{N}$ fest. Eine Abbildung $h : \mathbb{Z}_2^\infty \to \mathbb{Z}_2^n$ heißt eine *Hash-Funktion*.

Eine Hash-Funktion macht also aus einer beliebig langen binären Nachricht x eine von fest vorgegebener endlicher Länge. Derartige Abbildungen sind natürlich nicht injektiv. Benutzen wir nicht die Nachricht x zum Signieren, sondern nur deren Hash-Wert $h(x)$, so stehen wir vor folgendem Problem. Unterzeichnen wir x mittels $h(x)$, so haben wir gleichzeitig alle Nachrichten x' mit $h(x) = h(x')$ unterzeichnet. Dies bedingt, dass Hash-Funktionen in der Kryptographie sehr sorgfältig zu wählen sind. Es sollte praktisch unmöglich sein, *Kollisionen* zu finden, d.h. $x \neq x'$ mit $h(x) = h(x')$.

Definition   Eine Hash-Funktion h heißt *kollisionsresistent*, falls sich in vertretbarer Zeit keine zwei verschiedene Nachrichten $x \neq x'$ mit $h(x) = h(x')$ finden lassen.

Satz   Sei p eine sichere Primzahl, also $p = 2q + 1$ mit einer Primzahl q. Weiterhin sei α ein erzeugendes Element von $\mathbb{Z}_p^*$ und $\beta \in \mathbb{Z}_p^*$ beliebig. Ist

$$f : \{0, 1, \dots, q-1\} \times \{0, 1, \dots, q-1\} \to \mathbb{Z}_p$$

die Funktion, die

$$(x_1, x_2) \mapsto \alpha^{x_1} \beta^{x_2} \bmod p,$$

abbildet, so gilt: Das Auffinden einer Kollision für f impliziert eine effiziente Berechnung des Diskreten Logarithmus $\log_\alpha \beta$.

Beweis. Seien dazu $x = (x_1, x_2)$ und $x' = (x_1', x_2')$ mit $f(x) = f(x')$. Dies liefert

$$\alpha^{x_1} \beta^{x_2} \equiv \alpha^{x_1'} \beta^{x_2'} \bmod p,$$

also

$$\alpha^{x_1 - x_1'} \equiv \beta^{x_2' - x_2} \bmod p.$$

Schreiben wir $\beta = \alpha^k$ mit $0 \leq k \leq p - 2$, so erhalten wir

$$\alpha^{x_1 - x_1'} \equiv \alpha^{k(x_2' - x_2)} \bmod p,$$

also

$$x_1 - x_1' \equiv k(x_2' - x_2) \bmod (p - 1).$$

Wegen $0 \leq x_2, x_2' \leq q - 1$ gilt $|x_2' - x_2| < q$. Somit folgt aus $p - 1 = 2q$, dass $d = \mathrm{ggT}(p - 1, x_2' - x_2) \in \{1, 2\}$ ist. Nach Aufgabe 82 im Abschnitt 21 hat die letzte Kongruenz eine oder zwei Lösungen k mit $0 \leq k \leq p - 2$, die sich leicht bestimmen lassen. Im Fall von zwei Lösungen findet man $k = \log_\alpha \beta$ durch Testen beider Lösungen. $\square$

Wählen wir im Satz die Primzahl p so, dass wir den Diskreten Logarithmus in $\mathbb{Z}_p^*$ nicht effizient berechnen können, so lässt sich für f auch keine Kollision finden. Wir benutzen diese Feststellung nun zur Konstruktion kollisionsresistenter Hash-Funktionen. Jedes $n \in \mathbb{N}_0$ hat eine Darstellung $n = n_0 + \ldots + n_{k-1} 2^{k-1} + n_k 2^k$ mit eindeutigen $n_i \in \{0, 1\}$. Indem wir n den binären Vektor $(n_0, \ldots, n_k)$ zuordnen, können wir f als Funktion

$$f : \mathbb{Z}_2^{m_1} \times \mathbb{Z}_2^{m_2} = \mathbb{Z}_2^m \to \mathbb{Z}_2^n$$

mit geeigneten $m_i, n \in \mathbb{N}$ auffassen. Sei $r = m - n \geq 2$.

Konstruktion einer Hash-Funktion

Sei $x \in \mathbb{Z}_2^\infty$ eine Bitfolge beliebiger endlicher Länge. Wir ergänzen diese durch Voranstellen einer minimalen Anzahl von Nullen, so dass die Länge durch r teilbar wird. Ans Ende dieser Folge hängen wir dann r Nullen. An die so entstandene Folge wird eine weitere Folge angefügt, sagen wir y, die sich wie folgt berechnet: Wir schreiben die Bitlänge von x binär und füllen sie wieder zu Anfang mit einer minimalen Anzahl von Nullen auf, so dass die Länge durch $r - 1$ teilbar wird. Die erhaltene Folge wird in Segmente der Länge $r - 1$ unterteilt und jedes Segment am Anfang mit einer Eins aufgefüllt. Dies ergibt die binäre Folge y, deren Länge ebenfalls durch r teilbar ist. Insgesamt erhalten wir zur Nachricht x also eine Bitfolge

$$x_1 x_2 \ldots x_t,$$

wobei alle x_i die Länge r haben. Der Hash-Wert von x wird nun iterativ nach folgender Vorschrift berechnet:

Sei $h_0 = (0, \ldots, 0) \in \mathbb{Z}_2^n$. Für $1 \leq i \leq t$ definieren wir rekursiv

$$h_i = f(h_{i-1}, x_i)$$

und setzen $h(x) = h_t$. Man beachte dabei, dass (h_{i-1}, x_i) eine Bitfolge der Länge m ist, auf welche f angewendet werden kann.

Beispiel

Seien $r = 3$ und $x = 1011110$. Die Folge $x_1 x_2 \ldots x_t$ ergibt sich wie folgt:

Schritt 1: 001 011 110   (Länge durch $r = 3$ teilbar, Nullen auffüllen)
Schritt 2: 001 011 110 000 (Anfügen von r Nullen ans Ende)
Schritt 3: $7 = 111$ (binäre Länge von x)
Schritt 4: 01 11   (Länge durch $r - 1 = 2$ teilbar, Nullen auffüllen)
Schritt 5: 101 111   (Auffüllen der Segmente mit Einsen)

Somit erhalten wir für $x_1 \ldots x_t$ die Folge

$$001\,011\,110\,000\,101\,111,$$

mittels derer über f der Hash-Wert von x iterativ zu bestimmen ist.

Satz

> Die so konstruierte Hash-Funktion h ist kollisionsresistent, falls sich der Diskrete Logarithmus in $\mathbb{Z}_p^*$ nicht in vertretbarer Zeit berechnen lässt.

Beweis. Angenommen, wir könnten für die Hash-Funktion h eine Kollision finden, also $x \neq x'$ mit $h(x) = h(x')$. Seien $x_1 \ldots x_t$ beziehungsweise $x_1' \ldots x_{t'}'$ die zugehörigen binären Folgen zu x beziehungsweise x', mittels derer $h(x)$ und $h(x')$ iterativ zu berechnen ist. Weiterhin sei $t \leq t'$.

Angenommen, es gibt ein $0 \leq i < t$ mit $h_{t-i} = h_{t'-i}$, aber $h_{t-i-1} \neq h_{t'-i-1}$. Dann liefert

$$f(h_{t-i-1}, x_{t-i}) = h_{t-i} = h_{t'-i} = f(h_{t'-i-1}, x_{t'-i})$$

eine Kollision für f wegen $h_{t-i-1} \neq h_{t'-i-1}$.

Sei nun $h_{t-i} = h_{t'-i}$ für alle $0 \leq i \leq t$. Mittels Aufgabe 59 erhalten wir ein $0 \leq i < t$, so dass

$$x_{t-i} \neq x_{t'-i}.$$

Somit ergibt sich wieder eine Kollision für f wegen

$$f(h_{t-i-1}, x_{t-i}) = h_{t-i} = h_{t'-i} = f(h_{t'-i-1}, x_{t'-i}).$$

Insgesamt haben wir also gezeigt, dass sich aus einer Kollision für h eine für f angeben lässt. Nach Voraussetzung und dem ersten Satz dieses Abschnitts kann man jedoch in vertretbarer Zeit keine Kollision für f finden. $\square$

Die heute in der Praxis benutzen Hash-Funktionen sind häufig ähnlich der obigen Konstruktion iterativ aufgebaut. Ein 1995 von NIST festgelegter Standard für Signaturen benutzt den Signieralgorithmus DSA (*Digital Signature Algorithm*), in welchem binären Nachrichten über die Hash-Funktion SHA-1 eine Bitfolge der Länge 160 zugewiesen wird. Im Jahr 2005 konnte gezeigt werden, dass man bei der Suche nach Kollisionen in SHA-1 mit sehr viel weniger Versuchen auskommt, als man theoretisch erwartet hatte, welches auf den iterativen Aufbau zurückzuführen ist. Für die Praxis bedeutet dies, dass man auf einer sichereren Seite ist, wenn man einen der Nachfolger von SHA-1 benutzt, etwa SHA-256, der eine Länge von 256 statt 160 Bits hat. Wir verweisen hier auf [22].

Übungsaufgaben

Aufgabe 59. Seien $x \neq x'$ binäre Folgen endlicher Länge und seien $x_1 \dots x_t$ beziehungsweise $x'_1 \dots x'_{t'}$ die zugehörigen Bitfolgen mittels derer nach der obigen Konstruktion die Hash-Werte von x und x' bestimmt werden. Zeigen Sie:
Ist $t \leq t'$, so existiert ein $0 \leq i < t$ mit $x_{t-i} \neq x'_{t'-i}$.
Hinweis: Seien l, l' die Längen von x, x'. Seien a, a' die Anzahl der x_i, x'_i in den binären Darstellungen von l, l'. Untersuchen Sie die drei Fälle (i) $a \neq a'$, (ii) $a = a'$ und $l \neq l'$, (iii) $a = a'$ und $l = l'$.

■ 15
Elliptische Kurven

Elliptische Kurven spielen in kryptographischen Verfahren, deren Sicherheit auf der Berechnung des Diskreten Logarithmus beruht, eine zentrale Rolle. Gegenüber den multiplikativen Gruppen endlicher Körper, die wir ebenfalls für den Diskreten Logarithmus verwenden können, haben sie Vorteile. Man kommt bei vergleichbarer Sicherheit mit kleineren Schlüsseln aus. Ferner sind für elliptische Kurven bisher keine subexponentiellen Algorithmen zur Lösung des Diskreten Logarithmus bekannt. Auch zur Faktorisierung ganzer Zahlen werden sie eingesetzt (siehe Abschnitt 19).

Der Einfachheit halber nehmen wir in diesem Abschnitt stets an, dass die elliptische Kurve über einem Körper der Charakteristik $p \neq 2, 3$ definiert ist. In den Ausnahmecharakteristiken 2 und 3 sind die Gleichungen komplizierter. Im Wesentlichen ändert sich jedoch nichts gegenüber dem hier Dargestellten.

Sei K ein Körper der Charakteristik ungleich 2 und 3.   Definition

a) Eine Polynomgleichung der Form

$$E : y^2 = x^3 + ax + b$$

mit $a, b \in K$ und $4a^3 + 27b^2 \neq 0$ nennt man eine *elliptische Kurve* über K. Die Gleichung E heißt auch *Weierstraß-Gleichung*[1].

---
[1]Karl Theodor Wilhelm Weierstraß (1815–1897) Berlin. War lange Zeit Lehrer, bevor er Professor in Berlin wurde. Elliptische und abelsche Funktionen, Funktionentheorie.

b) Die Elemente der Menge

$$\{(x,y) \mid x,y \in K, \; y^2 = x^3 + ax + b\} \subseteq K \times K$$

nennen wir die *K-rationalen Punkte* auf der Kurve *E*.

Die Bedingung $4a^3 + 27b^2 \neq 0$ sichert, dass die drei Nullstellen des Polynoms $x^3 + ax + b$ paarweise verschieden sind (siehe Aufgabe 60).

Die *K*-rationalen Punkte auf einer elliptischen Kurve haben nun die schöne Eigenschaft, dass man sie nach Zufügen eines weiteren, sogenannten „unendlich fernen" Punktes, den wir mit $\mathcal{O}$ bezeichnen und der das neutrale Element darstellt, addieren kann. Man erhält so die abelsche Gruppe $E(K)$. Ist $P = (x,y)$ ein *K*-rationaler Punkt auf der Kurve, so auch $Q = (x, -y)$, der das inverse Element zu P ist, d.h. $Q = -P$ oder $P + Q = \mathcal{O}$. Die Addition von zwei Punkten, die nicht invers zueinander sind, ist komplizierter. Im Fall des reellen Zahlkörpers $K = \mathbb{R}$ läßt sich die Addition wie folgt geometrisch beschreiben.

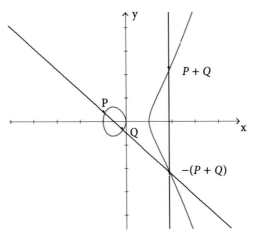

Für $P \neq Q$ ist $-(P + Q)$ der dritte Schnittpunkt der Geraden durch P und Q mit der Kurve E (siehe Zeichnung). Ist $P = Q$, so ist $-(P + Q) = P + P$ der eindeutig bestimmte weitere Schnittpunkt der Kurve E mit der Tangenten an E im Punkt $P = Q$. Die Existenz dieses Punktes ist durch die Bedingung $4a^3 + 27b^2 \neq 0$ gesichert. Den Punkt $P + Q$ erhält man schließlich durch Spiegelung an der *x*-Achse.

Diese „geometrische Addition" fassen wir nun in Formeln, die angeben, wie sich die Koordinaten von $P_3 = P_1 + P_2$ aus denen von P_1 und P_2 explizit berechnen lassen.

Satz   Sei $E : y^2 = x^3 + ax + b$ eine elliptische Kurve über dem Körper *K*. Dann wird

$$E(K) = \{(x,y) \mid x,y \in K, \; y^2 = x^3 + ax + b\} \cup \{\mathcal{O}\}$$

eine abelsche Gruppe mit dem neutralen Element $\mathcal{O}$ durch die folgenden

Festsetzungen. Sind $P_i = (x_i, y_i) \in E(K) \setminus \{\mathcal{O}\}$ für $i = 1, 2$, so ergibt sich der Punkt $P_3 = P_1 + P_2 = (x_3, y_3)$ wie folgt:
Ist $P_2 \neq \pm P_1$, wobei $-P_1 = (x_1, -y_1)$ ist, so gilt

(1) $\qquad x_3 = \lambda^2 - x_1 - x_2, \; y_3 = \lambda(x_1 - x_3) - y_1 \text{ mit } \lambda = \dfrac{y_1 - y_2}{x_1 - x_2}.$

Ist $P_2 = P_1$ und $y_1 \neq 0$, so gilt

(2) $\qquad x_3 = \lambda^2 - 2x_1, \; y_3 = \lambda(x_1 - x_3) - y_1 \text{ mit } \lambda = \dfrac{3x_1^3 + a}{2y_1}.$

Wir verzichten hier auf den Beweis. Einzig das explizite Nachrechnen der Assoziativität bedarf Mühe infolge der Fallunterscheidungen. Es sei vermerkt, dass die Gruppenstruktur den folgenden Hintergrund in der algebraischen Geometrie hat. Im Funktionenkörper zu E ist die Menge $E(K)$ bijektiv zur Menge $\mathcal{D}^0$ der Divisoren vom Grad Null modulo den Hauptdivisoren. Die Menge $\mathcal{D}^0$ trägt jedoch trivialerweise die Struktur einer abelschen Gruppe, so dass man sie vermöge der Bijektion auf $E(K)$ übertragen kann. Für diese tiefere Einsicht verweisen wir auf ([34], Proposition 3.4).

Ist K ein endlicher Körper, so ist $E(K)$ also eine endliche abelsche Gruppe. Insbesondere hat jeder Punkt in $E(K)$ eine endliche Ordnung.

Wir betrachten die elliptische Kurve   Beispiel

$$E : y^2 = x^3 - 2x$$

über $K = \mathbb{Z}_5$. Durch Einsetzen in die Weierstraß-Gleichung erhalten wir unmittelbar

$$E(K) = \{(0,0), (1, \pm 2), (2, \pm 2), (3, \pm 1), (4, \pm 1)\} \cup \{\mathcal{O}\}.$$

Somit ist $E(K)$ eine abelsche Gruppe mit 10 Elementen. Die Additionsformel (1) liefert zum Beispiel

$$(1,2) + (3,1) = (0,0).$$

Setzen wir $P = (1,2)$, so berechnet man

$$P + P = (4,1), \; P + P + P + P = (2, -1), \; P + P + P + P + P = (4, -1).$$

Dies zeigt, dass P weder von der Ordnung 2 noch 5 ist. Wegen $\operatorname{Ord} P \mid |E(K)| = 10$ muss P von der Ordnung 10 sein. Insbesondere ist $E(K)$ somit eine zyklische Gruppe.

Möchten wir $E(K)$ für ein kryptographisches Verfahren benutzen, dessen Sicherheit auf der Berechnung des Diskreten Logarithmus beruht, so benötigen wir ein Element von großer Ordnung. Das Auffinden eines solchen Elementes ist in der Regel ein schwieriges Problem. Der folgende tieferliegende Satz gibt Auskunft, wie groß die elliptische Kurve, insbesondere also die Ordnungen der Elemente überhaupt nur werden können.

Satz

> **Satz von Hasse[2].** Ist E eine elliptische Kurve über dem Körper K mit q Elementen, so gilt
>
> $$q + 1 - 2\sqrt{q} \le |E(K)| \le q + 1 + 2\sqrt{q}.$$

Für den Beweis, der einiges an Aufwand erfordert und den wir hier nicht geben können, verweisen wir auf ([40], Theorem 4.2).

Beispiel

Wir betrachten nochmals die obige elliptische Kurve $E : y^2 = x^3 - 2x$ über dem Körper $K = \mathbb{Z}_5$. Der Satz von Hasse liefert

$$|E(K)| \le q + 1 + 2\sqrt{q} = 6 + 2\sqrt{5} = 10.472,$$

also $|E(K)| \le 10$. Für E haben wir bereits $|E(K)| = 10$ berechnet. Somit liegen auf der Kurve E maximal viele Punkte.

Um ein Element großer Ordnung in $E(K)$ zu finden, muß also $|K| = q$ groß sein. Im Jahr 1985 hat R. Schoof in [30] einen effizienten Algorithmus angegeben, mit dem man explizit $|E(K)|$ berechnen kann. Ein Verständnis des Algorithmus erfordert weitergehende Einsichten. Mehr über elliptische Kurven in der Kryptographie findet man in [43].

Nun hängt die Sicherheit eines Kryptosystems nicht nur von schwachen Algorithmen ab, die also in vertretbarer Zeit kein Ergebnis liefern, sondern auch von der physikalischen Implementation. So geben Zeiten für seine Ausführung, aber auch der Energieverbrauch, Auskunft über einzelne Rechenschritte. Ein Angriff auf das System aus dieser Richtung wird als *Side Channel Attack* bezeichnet. Benutzen wir zum Beispiel eine elliptische Kurve für den Diskreten Logarithmus, so liefert die Addition einen derartigen Angriffspunkt, da die Verdopplung eines Punktes und die Addition zweier verschiedener Punkte aufgrund unterschiedlicher Additionsformeln verschiedenen Aufwand bedingen, der sich in der Zeit und im Energieverbrauch niederschlägt. Dies kann man umgehen, wie Edwards 2007 gezeigt hat (siehe Theorem 2.1 in [4]):

Satz

> Sei $E : y^2 = x^3 + ax + b$ eine elliptische Kurve über dem endlichen Körper K von ungerader Charakteristik. Enthält die Gruppe $E(K)$ ein Element der Ordnung 4 und ein eindeutiges Element der Ordnung 2, so existiert ein Nichtquadrat $d \in K$, so dass die elliptische Kurve E ,im wesentlichen' (d.h. birational) äquivalent zur

---

[2]Helmut Hasse (1898–1979) Halle, Marburg, Göttingen, Berlin, Hamburg. Algebraische Zahlentheorie, Klassenkörpertheorie, quadratische Formen, Zeta-Funktionen.

sogenannten *Edwardskurve*

$$Ed : x^2 + y^2 = 1 + dx^2y^2$$

über K ist.

Statt $E(K)$ können wir in vielen Fällen also auch die abelsche Gruppe

$$Ed(K) = \{(x,y) \mid x,y \in K, \, x^2 + y^2 = 1 + dx^2y^2\}$$

betrachten. Die Addition auf $Ed(K)$ läßt sich im Gegensatz zu elliptischen Kurven, wie im ersten Satz angegeben, nun einheitlich, d.h. ohne Fallunterscheidungen durch

$$(x_1,y_1) + (x_2,y_2) = \left(\frac{x_1y_2 + y_1x_2}{1 + dx_1x_2y_1y_2}, \frac{y_1y_2 - x_1x_2}{1 - dx_1x_2y_1y_2} \right)$$

für $(x_1,y_1),(x_2,y_2) \in Ed(K)$ beschreiben, so dass ein Side Channel Attack schwieriger wird. Man beachte dazu, dass die Nenner nie 0 werden können, denn:

Angenommen $dx_1x_2y_1y_2 = \epsilon$ mit $\epsilon = \pm 1$, also insbesondere $x_i \neq 0 \neq y_i$. Wegen $x_i^2 + y_i^2 = 1 + dx_i^2y_i^2$ erhalten wir

$$dx_1^2y_1^2(x_2^2 + y_2^2) = dx_1^2y_1^2 + d^2x_1^2y_1^2x_2^2y_2^2 = dx_1^2y_1^2 + \epsilon^2 = dx_1^2y_1^2 + 1 = x_1^2 + y_1^2.$$

Es folgt

$$
\begin{aligned}
(x_1 \pm \epsilon y_1)^2 = x_1^2 + y_1^2 \pm 2\epsilon x_1 y_1 &= dx_1^2y_1^2(x_2^2 + y_2^2) \pm 2dx_1^2y_1^2x_2y_2 \\
&= dx_1^2y_1^2(x_2^2 \pm 2dx_2y_2 + y_2^2) \\
&= dx_1^2y_1^2(x_2 \pm y_2)^2.
\end{aligned}
$$

Im Fall $x_2 + y_2 \neq 0$ oder $x_2 - y_2 \neq 0$ ist d offensichtlich ein Quadrat, also ein Widerspruch. Ist $x_2 + y_2 = 0 = x_2 - y_2$, so ist $x_2 = 0 = y_2$ entgegen der obigen Feststellung $x_2 \neq 0 \neq y_2$.

Das inverse Element von $(x,y) \in Ed(K)$ ist $(-x,y)$; das neutrale Element ist $(0,1)$ (siehe Aufgabe 63).

Ist $K = \mathbb{R}$, so hat die Edwardskurve $x^2 + y^2 = 1 - 30x^2y^2$ die Gestalt

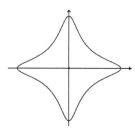

Die einfachen Additionsformeln für Punkte auf einer Edwardskurve haben weiterhin den Vorteil, dass der Aufwand, den man bei einer Addition betreiben muss, kleiner als bei einer elliptischen Kurve ist. Dies hat zur Konsequenz, dass die Ordnung eines vorgegebenen Elementes, also auch ein Element von großer Ordnung, schneller gefunden werden kann. Die schnellere Arithmetik hat, soweit bekannt, keinen Einfluss auf die Sicherheit des Diskreten Logarithmus, d.h. Edwardskurven sind genau so sicher wie elliptische Kurven. Mehr zu diesem Themenkreis findet man in [4].

Übungsaufgaben

Aufgabe 60. Zeigen Sie: Die drei Nullstellen von $x^3 + ax + b \in K[x]$ sind genau dann paarweise verschieden, wenn $4a^3 + 27b^2 \neq 0$ ist.

Aufgabe 61. Betrachten Sie die im ersten Satz beschriebene Addition von Punkten auf einer elliptischen Kurve.
a) Warum gilt im Fall (1), dass $x_1 \neq x_2$ ist?
b) Was ist P_3 im Fall (2), wenn $y_1 = 0$ ist?

Aufgabe 62. Gegeben sei die elliptische Kurve $E : y^2 = x^3 - x$.
a) Berechnen Sie $|E(\mathbb{Z}_5)|$.
b) Zeigen Sie, dass $E(\mathbb{Z}_5)$ genau ein Element der Ordnung 2, aber kein Element der Ordnung 4 hat.

Aufgabe 63. Gegeben sei die Edwardskurve $Ed : x^2 + y^2 = 1 + dx^2y^2$ über einem endlichen Körper K von ungerader Charakteristik. Ferner sei d ein Nichtquadrat in K. Zeigen Sie:
a) $(0,1)$ ist das neutrale Element in $Ed(K)$.
b) Es gilt $-(x,y) = (-x,y)$ für alle $(x,y) \in Ed(K)$.
c) Ist $4 \mid (|K| + 1)$, so enthält $Ed(K)$ genau ein Element der Ordnung 2.
d) $Ed(K)$ enthält stets ein Element der Ordnung 4.

Aufgabe 64. Sei $E : y^2 = x^3 + ax + b$ eine elliptische Kurve über dem Körper K. Wie viele Elemente der Ordnung 2 kann $E(K)$ höchstens besitzen?

Aufgabe 65. Sei $Ed : x^2 + y^2 = 1 + 2x^2y^2$ eine Edwardskurve über $K = \mathbb{Z}_5$.
a) Bestimmen Sie die K-rationalen Punkte auf Ed, also $Ed(K)$.
b) Zeigen Sie, dass $Ed(K)$ zyklisch ist.

Aufgabe 66. Geben Sie eine elliptische Kurve über einem geeigneten endlichen Körper K an, so dass die Gruppe $E(K)$ zu keiner Gruppe $Ed(K)$ isomorph ist.

■ 16
Der Diskrete Logarithmus

In diesem Abschnitt beschäftigen wir uns mit Algorithmen zur Lösung des Diskreten Logarithmus. Aufgrund der Ausführungen im Abschnitt über Public-Key-Kryptographie sollten es in geeigneten Gruppen keine schnellen Verfahren geben.

Sei G eine (multiplikativ geschriebene) Gruppe und $g \in G$ ein Element der Ordnung $n = \text{Ord}(g)$. Ist $h \in \langle g \rangle$, also $h = g^x$, wobei $x \in \{0, 1, \ldots, n-1\}$ eindeutig durch h festgelegt ist, so bezeichnen wir das Auffinden von

$$x = \log_g h$$

als das *Diskrete Logarithmus Problem*. Die Zahl x heißt auch der *Diskrete Logarithmus von h bezüglich der Basis g*. Einfaches Testen, wann also g^x für $x = 0, 1, 2, \ldots$ gleich h ist, findet natürlich bei wachsendem n schnell seine Grenzen. Eine Reduzierung des Aufwands allerdings auf Kosten von Speicherkapazität bringt der folgende Algorithmus.

Der Baby-Step-Giant-Step-Algorithmus von Shanks

Sei G eine Gruppe und $g \in G$ von der Ordnung n. Weiterhin sei $h \in \langle g \rangle$ und $m = \lceil \sqrt{n} \rceil$.
Baby-Step: Wir bestimmen die Menge

$$B = \{(hg^{-r}, r) \mid 0 \leq r \leq m\}$$

und speichern ihre Elemente ab. Enthält B ein Element der Form $(1, r) = (hg^{-r}, r)$, so ist $h = g^r$, also $r = \log_g h$. Falls nicht, so verfahren wir wie folgt weiter.
Giant-Step: Für $j = 1, \ldots, m - 1$ suchen wir in B nach einem Paar (hg^{-r}, r), so dass

$$hg^{-r} = g^{mj}.$$

Man beachte, dass ein solches auch existiert, denn ist $h = g^l$, so läßt sich l vermöge Division mit Rest schreiben als $l = mj + r$, wobei $0 \leq r \leq m - 1$ ist. Offensichtlich gilt dann $\log_g h = mj + r$.

Sowohl die Laufzeit als auch der benötigte Speicherplatz sind von der Ordnung $O(\sqrt{n})$, also exponentiell. Schnellere Laufzeiten erreichen wir mit dem folgenden Algorithmus, sofern in der Primfaktorzerlegung von n nur „kleine" Primzahlen auftreten.

Der Pohlig-Hellman-Algorithmus

Sei G eine Gruppe und $g \in G$ von der Ordnung n. Ferner sei $h \in \langle g \rangle$, also $h = g^x$ mit $0 \leq x < n$. Wir nehmen an, dass die Primfaktorzerlegung von n bekannt sei, also

$$n = \prod_{i=1}^{s} p_i^{e_i}$$

mit paarweise verschiedenen Primzahlen p_i und $e_i \in \mathbb{N}$. Der diskrete Logarithmus $x = \log_g h$ wird dann wie folgt bestimmt:

1. Wir berechnen $x_i \equiv x \mod p_i^{e_i}$ mit $0 \leq x_i < p^{e_i}$ für $i = 1, \ldots, s$.
2. Wir lösen die simultanen Kongruenzen

$$x \equiv x_i \mod p_i^{e_i} \quad \text{für } i = 1, \ldots, s$$

mit $0 \leq x < n$.

Wie man simultane Kongruenzen löst, behandeln wir im Abschnitt 21. Somit bleibt nur das Aufsuchen der x_i im Schritt 1. Für festes $i \in \{1, \ldots, s\}$ schreiben wir

$$x \mod p_i^{e_i} \equiv x_i = \sum_{j=0}^{e_i-1} a_j p_i^j$$

mit eindeutigen $0 \leq a_j \leq p_i - 1$. Wir bestimmen nacheinander $a_0, a_1, \ldots, a_{e_i-1}$ wie folgt:

Bestimmung von a_0: Dazu setzen wir $g_i = g^{\frac{n}{p_i}}$. Da g_i ein Element der Ordnung p_i ist, erhalten wir

$$h^{\frac{n}{p_i}} = g^{\frac{n}{p_i}x} = g_i^x = g_i^{x_i} = g_i^{a_0}.$$

Die Zahl a_0 finden wir durch Vergleich von $1, g_i, g_i^2, \ldots, g_i^{p_i-1}$ mit $h^{\frac{n}{p_i}}$.

Bestimmung von a_1: Setzen wir $h_1 = hg^{-a_0} = g^{x-a_0}$, so erhalten wir

$$h_1^{\frac{n}{p_i^2}} = g^{\frac{n}{p_i^2}(x-a_0)} = g_i^{\frac{x_i-a_0}{p_i}} = g_i^{a_1}.$$

Wie für a_0 finden wir durch Vergleich der g_i^j mit $h_1^{\frac{n}{p_i^2}}$ für $j = 0, \ldots, p_i - 1$ den Wert von a_1.

Auf diese Weise lassen sich die a_k für $k = 0, \ldots, e_i - 1$ berechnen, indem wir

$$h_k = hg^{-a_0-a_1p_i-\ldots-a_{k-1}p_i^{k-1}}$$

setzen, das Element $h_k^{\frac{n}{p_i^{k+1}}}$ bestimmen und es mit den g_i^j für $j = 0, 1, \ldots, p_i - 1$ vergleichen.

Beispiel

Die folgenden Rechnungen lassen sich alle mit einem Computer-Algebrasystem schnell ausführen. Sei $G = \mathbb{Z}_{1999}^*$. Wir betrachten in G die Elemente $g = 3$ und $h = 1996$ und berechnen den diskreten Logarithmus $\log_g h$ mittels des Pohlig-Hellman-Algorithmus.

Es gilt $n = \mathrm{Ord}_{1999}(3) = 1998 = 2 \cdot 3^3 \cdot 37 = p_1 \cdot p_2^3 \cdot p_3$.

Die Berechnung von $x_1 \equiv x \mod 2 = a_0$:

Wegen

$$g_1 \equiv 3^{1998/2} \mod 1999 = -1 \quad \text{und} \quad h^{1998/2} \mod 1999 \equiv 1996^{1998/2} \mod 1999 = 1$$

ist $a_0 = 0 = x_1$.

Die Berechnung von $x_2 \equiv x \mod 3^3 = a_0 + 3a_1 + 3^2 a_2$:

Wegen $g_2 = 3^{1998/3} \mod 1999 = 808$ und

$$h^{1998/3} \mod 1999 \equiv 1996^{1998/3} \mod 1999 = 808$$

folgt $a_0 = 1$. Weiterhin ist

$$h_1 = hg^{-1} = 1998 \quad \text{und} \quad h_1^{1998/9} \bmod 1999 \equiv 1998^{1998/9} \bmod 1999 = 1,$$

also $a_1 = 0$. Schließlich erhalten wir mit $h_2 = h_1 = 1998$ die Kongruenz

$$h_2^{1998/27} \bmod 1999 = 1,$$

also $a_2 = 0$ und somit $x_2 = 1$.

Die Berechnung von $x_3 \equiv x \bmod 37 = a_0$:

Nun ist $g_3 = 3^{1998/37} \bmod 1999 = 1309$ und

$$h^{1998/37} \bmod 1999 \equiv 1996^{1998/37} \bmod 1999 = 1309,$$

also $a_0 = 1 = x_3$

Es gilt somit $x_1 = 0$, $x_2 = 1$ und $x_3 = 1$ und wir haben die simultanen Kongruenzen

$$x \equiv 0 \bmod 2$$
$$x \equiv 1 \bmod 3^3$$
$$x \equiv 1 \bmod 37$$

mit $0 \leq x < 1998$ zu lösen. Nach Abschnitt 21 ist die Lösung

$$x \equiv \sum_{i=1}^{3} x_i y_i \equiv y_2 + y_3 \bmod 1998$$

mit

$$y_2 = ((2 \cdot 37)^{-1} \bmod 3^3) \cdot (2 \cdot 37) = 1702$$
$$y_3 = ((2 \cdot 3^3)^{-1} \bmod 37) \cdot (2 \cdot 3^3) = 1296.$$

Es folgt $\log_g h = x = 1702 + 1296 \bmod 1998 = 1000$.

Bemerkungen zum Pohlig-Hellman-Algorithmus

a) Der Pohlig-Hellman-Algorithmus benötigt $O(\sum_{j=1}^{s} e_i(\log n + \sqrt{p_i}))$ Multiplikationen in der Gruppe. Er kann also effizient eingesetzt werden, wenn die Primteiler p_i von n klein sind. In diesem Fall hat man auch eine gute Chance, die Primfaktorzerlegung von n zu finden, die für den Algorithmus benötigt wird.

b) Ist $n = p$ eine Primzahl, so ist die Laufzeit gleich dem Baby-Step-Giant-Step-Algorithmus, nämlich $O(\sqrt{n})$.

Zum Abschluss dieses Abschnittes diskutieren wir noch die Index-Calculus-Methode, die Ähnlichkeiten mit der Methode von Dixon zur Faktorisierung ganzer Zahlen hat (siehe Abschnitt 19). Sie gehört zur Zeit mit zu den effektivsten Verfahren zur Lösung des Diskreten Logarithmus. Die Index-Calculus-Methode ist zufallsbasiert und nicht in jeder Gruppe anwendbar, jedoch in multiplikativen Gruppen endlicher Körper, die in den Anwendungen oft auftreten. Ihre Laufzeit ist häufig subexponentiell. Um die Darstellung elementar zu halten, beschränken wir uns auf die Körper $\mathbb{Z}_p$.

Die Index-Calculus-Methode

Sei p eine Primzahl und α ein Erzeuger der zyklischen Gruppe $\mathbb{Z}_p^*$. Ferner sei $\beta \in \mathbb{Z}_p^*$, also $\beta = \alpha^x$ mit $0 \le x < p - 1$. Zur Bestimmung des Diskreten Logarithmus $x = \log_\alpha \beta$ gehen wir wie folgt vor:

1. Wir wählen ein $b \in \mathbb{N}$ und eine sogenannte *Faktorbasis* $F(b) = \{p_1, \ldots, p_b\}$, wobei die p_i paarweise verschiedene Primzahlen sind und $p \notin F(b)$.
2. Wir bestimmen die diskreten Logarithmen $x_i = \log_\alpha p_i$ in $\mathbb{Z}_p^*$ für alle Elemente $p_i \in F(b)$.
3. Mittels zufälliger Wahlen versuchen wir ein $y \in \{0, 1, \ldots, p-1\}$ zu finden, so dass $\beta \alpha^y$ vollständig in $F(b)$ modulo p faktorisiert, d.h.

$$\beta \alpha^y \equiv p_1^{e_1} \ldots p_b^{e_b} \mod p.$$

Wegen

$$\alpha^{x+y} = \beta \alpha^y \equiv p_1^{e_1} \ldots p_b^{e_b} \equiv \alpha^{x_1 e_1} \ldots \alpha^{x_b e_b} \equiv \alpha^{\sum_{j=1}^b x_i e_i} \mod p$$

ist dann

$$x \equiv \sum_{j=1}^b x_i e_i - y \mod p - 1.$$

Bemerkungen zur Index-Calculus-Methode

a) Zum Auffinden der diskreten Logarithmen für die Elemente in der Faktorbasis (Schritt 2) kann man etwa so vorgehen: Man wählt zufällige z_k in $\{1, \ldots, p-1\}$ und versucht α^{z_k} in $F(b)$ modulo p zu faktorisieren, also

$$\alpha^{z_k} \equiv p_1^{e_{k1}} \ldots p_b^{e_{kb}} \mod p.$$

Dies ist äquivalent zu

$$z_k = e_{k1} \log_\alpha p_1 + \ldots + e_{kb} \log_\alpha p_b \mod p - 1.$$

Können wir c, welches etwas größer als b sein soll, etwa $c = b + 10$ derartige Gleichungen finden, so erhalten wir für die diskreten Logarithmen $\log_\alpha p_i$ das Gleichungssystem

$$\begin{pmatrix} z_1 \\ \vdots \\ z_c \end{pmatrix} \equiv \begin{pmatrix} e_{11} & \cdots & e_{1b} \\ \vdots & & \vdots \\ e_{c1} & \cdots & e_{cb} \end{pmatrix} \begin{pmatrix} \log_\alpha p_1 \\ \vdots \\ \log_\alpha p_b \end{pmatrix} \mod p - 1.$$

Die Schwierigkeit liegt nun darin, dass das Gleichungssystem modulo $p - 1$ für die Unbekannten $\log_\alpha p_i$ zu lösen ist. Wegen des Satzes über simultane Kongruenzen genügt es, Lösungen modulo aller Primzahlpotenzen q^l in der Primfaktorzerlegung von $p - 1$ zu finden. Für $l = 1$ kann man den Gauß-Algorithmus im Körper $\mathbb{Z}_q$ verwenden. Wie man für größere l eine Lösung findet, behandeln wir in Aufgabe 67.

b) Bei einer guten Wahl von b (Größe der Faktorbasis) ist die Laufzeit gleich $L_p[\frac{1}{2}, c]$ mit einer Konstanten $c > 0$, also subexponentiell.

c) Die Index-Calculus-Methode funktioniert mit kleinen Abwandlungen des hier vorgestellten Verfahrens in beliebigen endlichen Körpern (siehe [21], Seite 99).

Übungsaufgaben

Aufgabe 67. Sei A eine rechteckige Matrix über $\mathbb{Z}$ und sei p eine Primzahl. Für jeden ganzzahligen Vektor b sei das Gleichungssystem $Ax \equiv b \bmod p$ mit einem ganzzahligen Vektor x lösbar. Geben Sie an, wie man explizit eine ganzzahlige Lösung von $Ax \equiv b \bmod p^l$ für $l \in \mathbb{N}$ findet.
Hinweis: Ist $Ax \equiv b \bmod p^l$, so mache den Ansatz $A(x + py) \equiv b \bmod p^{l+1}$.

Aufgabe 68. Berechnen Sie unter Verwendung eines Computer-Algebrasystems den diskreten Logarithmus $\log_3 1996$ in $\mathbb{Z}_{1999}^*$ mittels des Baby-Step-Giant-Step-Algorithmus.

■ 17
Der AKS-Algorithmus

Das RSA-Verfahren erfordert die Kenntnis großer Primzahlen. In diesem und dem nächsten Abschnitt gehen wir der Frage nach, wie man diese finden kann. Algorithmen, die entscheiden, ob ein gegebenes $n \in \mathbb{N}$ eine Primzahl ist oder nicht, heißen *deterministisch*. Viele derartige Verfahren sind bekannt, etwa das Sieb des Eratosthenes[3] oder der Satz von Wilson[4] (siehe Aufgabe 69). Alle diese bekannten Tests haben jedoch eine exponentielle Laufzeit, d.h. sie liefern bei sehr großem n kein Ergebnis.

Im Jahr 2002 fanden nun *Agrawal*, *Kayal* und *Saxena* den ersten deterministischen Algorithmus mit polynomialer Laufzeit, der heute entsprechend seiner Erfinder den Namen *AKS-Algorithmus* trägt. Verbesserungen durch weitere Autoren führten mittlerweile zu einer Laufzeit von $O((\ln n)^{6+\epsilon})$ mit beliebigem $\epsilon > 0$. Er ist der zur Zeit einzige bekannte deterministische Algorithmus mit polynomialer Laufzeit. Wir beginnen mit einer für den Algorithmus zentralen Beobachtung.

Seien $a \in \mathbb{Z}$ und $1 \neq n \in \mathbb{N}$ mit $\mathrm{ggT}(a, n) = 1$. Dann sind gleichwertig: Lemma

a) n ist eine Primzahl.
b) $(x + a)^n \equiv x^n + a \bmod n$,
    d.h. die beiden ganzzahligen Polynome $(x + a)^n$ und $x^n + a$ sind gleich, wenn man ihre Koeffizienten modulo n, also in $\mathbb{Z}_n$ liest.

---

[3]Eratosthenes von Cyrene (276–194 v.Chr.) Alexandria. Primzahlen, geographische Berechnungen, aber auch literarische Beiträge.
[4]John Wilson (1741–1793). Nur wenige Jahre am Peterhouse College in Cambridge tätig, danach hauptberuflich Jurist.

Beweis. Ist $n = p$ eine Primzahl, so gilt $p \mid \binom{p}{i}$ für $0 < i < n$. Ferner gilt nach dem kleinen Fermat'schen Satz $a^p \equiv a \bmod p$. Somit folgt

$$(x + a)^p = \sum_{i=0}^{p} \binom{p}{i} a^i x^{p-i} = x^p + a^p \equiv x^p + a \bmod p.$$

Sei umgekehrt

$$(*) \qquad (x + a)^n = \sum_{i=0}^{n} \binom{n}{i} a^i x^{n-i} \equiv x^n + a \bmod n.$$

Für eine Primzahl p mit $p \mid n$ betrachten wir den Koeffizienten $\binom{n}{p} a^p$ bei x^{n-p} in der Summe von $(*)$. Es gilt $\binom{n}{p} \not\equiv 0 \bmod n$, da

$$\binom{n}{p} = \frac{n(n-1) \cdots (n - p + 1)}{1 \cdots p}$$

nicht durch n teilbar ist, weil p nach Annahme n teilt. Wegen $\mathrm{ggT}(a, n) = 1$ erhalten wir $\binom{n}{p} a^p \not\equiv 0 \bmod n$, welches wegen $(*)$ unmittelbar $n = p$ erzwingt. $\qquad\square$

Benutzt man das Lemma zum Testen, ob n eine Primzahl ist, so ist die Laufzeit aufgrund der n zu berechnenden Koeffizienten wieder exponentiell. Die Idee von Agrawal, Kayal und Saxena besteht nun darin, diese Anzahl zu reduzieren, indem nur Kongruenzen

$$(x + a)^n \equiv x^n + a \bmod (n, x^r - 1)$$

für ein festes r und gewisse a betrachtet werden. Der Ausdruck mod $(n, x^r - 1)$ bedeutet dabei, dass die Koeffizienten zunächst modulo n gelesen werden, und für das entstehende Polynom, welches dann in $\mathbb{Z}_n[x]$ liegt, der Rest modulo $x^r - 1$ in $\mathbb{Z}_n[x]$ gebildet wird. Entscheidend für den Algorithmus ist nun die folgende Aussage, die in der vorliegenden Form auf H. W. Lenstra zurückgeht.

Kriterium

Das AKS-Kriterium. Seien $2 < n \in \mathbb{N}$ und $r \in \mathbb{N}$ mit $\mathrm{ggT}(r, n) = 1$. Ferner sei $1 < s \in \mathbb{N}$ mit $\mathrm{ggT}(a, n) = 1$ für alle $a = 1, \ldots, s$ und

$$\binom{\varphi(r) + s - 1}{s} > n^{2d \left\lfloor \sqrt{\frac{\varphi(r)}{d}} \right\rfloor}$$

für alle $d \mid \frac{\varphi(r)}{t}$, wobei $t = \mathrm{Ord}_r n$ die Ordnung von n in $\mathbb{Z}_r^*$ ist. Gilt nun

$$(x + a)^n \equiv x^n + a \bmod (n, x^r - 1)$$

für alle $a = 1, \ldots, s$, so ist n eine Primzahlpotenz.

Bevor wir das Kriterium beweisen, formulieren wir den Algorithmus in der Version von Lenstra und Bernstein und weisen seine polynomiale Laufzeit nach.

Der AKS-Algorithmus

Eingabe: $2 < n \in \mathbb{N}$.

Schritt 1: Ist n eine 2-Potenz, so Ausgabe: *n zusammengesetzt* und Stop.
Schritt 2: Berechne $N = 2n(n-1)(n^2-1)\cdots(n^{4\lceil \log_2 n \rceil^2} - 1)$ und finde die kleinste Primzahl r mit $r \nmid N$.
Schritt 3: Ist $n = p$ für eine Primzahl $p < r$, so Ausgabe: *n Primzahl* und Stop.
Schritt 4: Ist $p \mid n$ für eine Primzahl $p < r$, so Ausgabe: *n zusammengesetzt* und Stop.
Schritt 5: Gilt für ein $a \in \{1, \ldots, r\}$ die Inkongruenz

$$(x+a)^n \not\equiv x^n + a \mod (n, x^r - 1),$$

so Ausgabe: *n zusammengesetzt* und Stop.
Schritt 6: Ist $\sqrt[u]{n} \in \mathbb{Z}$ für ein $1 < u < \log_r n$, so Ausgabe: *n zusammengesetzt* und Stop.
Schritt 7: Ausgabe: *n Primzahl*.

Wir zeigen im Folgenden die Korrektheit und polynomiale Laufzeit des Algorithmus. Sei l die binäre Länge von n, also

$$l = \begin{cases} \log_2 n + 1, & \text{falls } n \text{ eine Potenz von 2 ist} \\ \lceil \log_2 n \rceil, & \text{sonst.} \end{cases}$$

Schritt 1: Die wiederholte Division von n durch 2 erfordert höchstens l Divisionen. Ist n keine 2-Potenz, so gilt also für die weiteren Schritte $l = \lceil \log_2 n \rceil$.
Schritt 2: Die Anzahl der Multiplikationen im Produkt

$$(*) \qquad N = 2n(n-1)(n^2-1)\cdots(n^{4\lceil \log_2 n \rceil^2} - 1)$$

ist offenbar polynomial in l und kann daher durch ein ganzzahliges Polynom in l nach oben abgeschätzt werden. Wegen

$$\log_2 N \leq 1 + \log_2 n + (\log_2 n)\sum_{i=1}^{4l^2} i \leq 1 + l + l\left(\frac{(4l^2+1)4l^2}{2}\right) \leq 1 + l(16l^4 + 1)$$

ist $k = \lceil \log_2 N \rceil$ ebenfalls polynomial in l. Nach einem Satz von Chebyshev[5] aus der Zahlentheorie gilt für $k \geq 2$, dass

$$\prod_{\substack{p \text{ Primzahl,} \\ p \leq 2k}} p > 2^k.$$

---

[5]Pafnuty Lvovich Chebyshev (1821–1894) St. Petersburg. Zahlentheorie, Analysis, Wahrscheinlichkeitstheorie.

Wegen $N < 2^k$ existiert somit eine Primzahl $p \leq 2k$ mit $p \nmid N$. Da $2k$ polynomial in l ist, können wir alle Primzahlen $p \leq 2k$ etwa mittels des Sieb des Eratosthenes mit polynomialem Aufwand in eine Liste L schreiben, also auch die kleinste, etwa r, mit $r \nmid N$ bestimmen. Letzteres benötigt ebenfalls nur polynomialen Aufwand in l.

Schritt 3/4: Die Anzahl der Primzahlen in der Liste L ist polynomial in l. Gilt in Schritt 4, dass $p \mid n$, so muss n wegen Schritt 3 zusammengesetzt sein.

Schritt 5: Zunächst vermerken wir, dass $t = \text{Ord}_r\, n > 4l^2$ ist, denn wäre etwa $n^i \equiv 1 \bmod r$ für ein $1 \leq i \leq 4l^2$, so wäre $r \mid n^i - 1 \mid N$ wegen (∗), ein Widerspruch zur Wahl von r. Mit $r = s$ weisen wir nun die Voraussetzungen des AKS-Kriteriums nach.

Offenbar ist $1 = \text{ggT}(a, n)$ für alle $a = 1, \ldots, r = s$ wegen Schritt 3 und 4. Man beachte dazu auch, dass $r \nmid n$ wegen $r \nmid N$. Als nächstes zeigen wir

$$\binom{\varphi(r) + s - 1}{s} > n^{2d \lfloor \frac{\varphi(r)}{d} \rfloor}$$

für alle $d \mid \frac{\varphi(r)}{t}$ mit $t = \text{Ord}_r\, n$. Wegen $d \leq \frac{\varphi(r)}{t} < \frac{\varphi(r)}{4l^2}$ gilt

$$(∗∗) \qquad 2d \left\lfloor \sqrt{\frac{\varphi(r)}{d}} \right\rfloor \leq 2d\sqrt{\frac{\varphi(r)}{d}} = \sqrt{4d\varphi(r)} < \frac{\varphi(r)}{l} < \frac{\varphi(r)}{\log_2 n}.$$

Da $2 \mid N$, also $r \geq 3$ und somit insbesondere $\varphi(r) = r - 1 \geq 2$ ist, folgt

$$\binom{\varphi(r) + s - 1}{s} = \binom{\varphi(r) + r - 1}{r} = \binom{2\varphi(r)}{\varphi(r) + 1} \geq 2^{\varphi(r)}.$$

Mit (∗∗) erhalten wir nun

$$\binom{\varphi(r) + s - 1}{s} \geq 2^{\varphi(r)} = n^{\frac{\varphi(r)}{\log_2 n}} > n^{2d\lfloor \sqrt{\frac{\varphi(r)}{d}} \rfloor}.$$

Somit sind die Voraussetzungen des AKS-Kriteriums erfüllt. Die Inkongruenz in Schritt 5 für ein $a \in \{1, \ldots, r\}$ besagt, dass n keine Primzahl ist, insbesondere also zusammengesetzt sein muss. Der zu betreibende Aufwand in diesem Schritt ist ebenfalls polynomial in l, denn: Die Anzahl der zu berechnenden Kongruenzen ist beschränkt durch $r \leq 2k$, also polynomial in l. Die Berechnung von $(x + a)^n \bmod (n, x^r - 1)$ mittels wiederholtem Quadrieren erfordert höchstens $2l$ Multiplikationen. Dabei werden Polynome vom Grad kleiner r, welche polynomial in l sind, mit Koeffizienten der Größe kleiner n, die ebenfalls eine in l polynomiale Bitlänge haben, multipliziert. Insgesamt ist also der Aufwand polynomial in l.

Schritt 6: Wird dieser Schritt erreicht, so wissen wir wegen des AKS-Kriteriums, dass n Potenz einer Primzahl ist. Wir testen nun, ob n eine echte Potenz ist. Dazu vermerken wir, dass alle Primzahlen $p \leq r$ keine Teiler von n sind, so dass wir $\sqrt[u]{n} \in \mathbb{Z}$ höchstens für solche u mit $1 < u < \log_r n \leq l$ zu prüfen haben. Für festes u müssen wir $a^u = n$ (Berechnung mittels wiederholtem Quadrieren) nur für solche $a \in \mathbb{N}$ testen, für die $1 < a \leq \log_u n \leq l$ gilt. Endet dieser Schritt ohne Ausgabe, so ist n in der Tat eine Primzahl.

Somit ist gezeigt:

Satz

Der AKS-Agorithmus entscheidet in polynomialer Laufzeit, ob ein gegebenes ungerades $n \in \mathbb{N}$ eine Primzahl ist oder nicht.

Es bleibt somit der Beweis des AKS-Kriteriums. Sei dazu entsprechend den Voraussetzungen im Kriterium $2 < n \in \mathbb{N}$ und $r \in \mathbb{N}$ mit $\mathrm{ggT}(r,n) = 1$. Ferner gelte $(x+a)^n \equiv x^n + a \bmod (n, x^r - 1)$ zunächst für ein festes $a \in \mathbb{Z}$. Schließlich sei p eine Primzahl mit $p \mid n$.

AKS-1. Dann gilt   Lemma

$$(x^m + a)^{n^i p^j} \equiv x^{mn^i p^j} + a \ \bmod (p, x^r - 1)$$

für alle $m \in \mathbb{N}$ und alle $i, j \in \mathbb{N}_0$.

Beweis. Vermöge einer Induktion über $i \in \mathbb{N}$ erhalten wir wegen

$$x^r - 1 \mid x^{kr} - 1 = (x^r - 1)(x^{r(k-1)} + x^{r(k-2)} + \ldots + 1)$$

für $k \in \mathbb{N}$ die Kongruenzen

$$
\begin{aligned}
(x+a)^{n^{i+1}} &= ((x+a)^{n^i})^n \\
&\equiv (x^{n^i} + a)^n && \bmod(n, x^r - 1) \\
&\equiv x^{n^{i+1}} + a + nf(x^{n^i}) + (x^{n^i r} - 1)h(x^{n^i}) && \bmod(n, x^r - 1) \\
&\equiv x^{n^{i+1}} + a && \bmod(n, x^r - 1).
\end{aligned}
$$

Also gilt $(x+a)^{n^i} \equiv x^{n^i} + a \ \bmod (p, x^r - 1)$ für alle $i \in \mathbb{N}_0$. Wegen der Kongruenz $(x+a)^p \equiv x^p + a \bmod p$ und $p \mid n$ folgt dann

$$(x+a)^{n^i p^j} \equiv x^{n^i p^j} + a \ \bmod (p, x^r - 1)$$

für alle $i, j \in \mathbb{N}_0$. Ersetzen wir nun x durch x^m, so erhalten wir schließlich

$$
\begin{aligned}
(x^m + a)^{n^i p^j} &\equiv x^{mn^i p^j} + a && \bmod (p, x^{mr} - 1) \\
&\equiv x^{mn^i p^j} + a && \bmod (p, x^r - 1)
\end{aligned}
$$

für alle $m \in \mathbb{N}$ und alle $i, j \in \mathbb{N}_0$. $\square$

Sei nun

$$\mathbb{Z}_r^* = \{ z \bmod r \mid z \in \mathbb{Z}, \ \mathrm{ggT}(z, r) = 1 \}.$$

Diese Menge ist bezüglich der Multiplikation eine abelsche Gruppe (siehe Abschnitt 21), die sogenannte *Einheitengruppe* von $\mathbb{Z}_r$ mit $|\mathbb{Z}_r^*| = \varphi(r)$. Wegen

$\mathrm{ggT}(r,n) = 1$ können wir die von p und n erzeugte Untergruppe U von $\mathbb{Z}_r^*$ betrachten. Wir setzen $d = \frac{|\mathbb{Z}_r^*|}{|U|}$. Da die von n in $\mathbb{Z}_r^*$ erzeugte Untergruppe in U liegt, folgt mit dem Satz von Lagrange

$$t = \mathrm{Ord}_r\, n \mid |U|,$$

also $d = \frac{|\mathbb{Z}_r^*|}{|U|} \mid \frac{\varphi(r)}{t}$. Schließlich sei $m_1, \ldots, m_d$ ein System von Nebenklassenvertretern von U in $\mathbb{Z}_r^*$, also $\mathbb{Z}_r^* = \cup_{k=1}^d m_k U$.

Lemma

> **AKS-2.** Es gibt $0 \le i,j,h,l \le \lfloor \sqrt{\frac{\varphi(r)}{d}} \rfloor$ mit $(i,j) \ne (h,l)$, so dass für $u = n^i p^j$ und $v = n^h p^l$ die Kongruenz $u \equiv v \bmod r$ gilt. Ferner ist
>
> $$(x^{m_k} + a)^u \equiv (x^{m_k} + a)^v \bmod (p, x^r - 1)$$
>
> für alle $k = 1, \ldots, d$.

Beweis. Die Anzahl der Paare (i,j) mit $0 \le i,j \le \lfloor \sqrt{\frac{\varphi(r)}{d}} \rfloor$ ist gleich

$$\left(\left\lfloor \sqrt{\frac{\varphi(r)}{d}} \right\rfloor + 1 \right)^2 > \frac{\varphi(r)}{d}.$$

Da $n^i p^j \bmod r$ in der Gruppe U der Ordnung $\frac{\varphi(r)}{d}$ liegt, gibt es $(i,j) \ne (h,l)$ mit $n^i p^j \equiv n^h p^l \bmod r$.

Wegen $x^u = x^{v+br} \equiv x^v \bmod x^r - 1$ erhalten wir mit Lemma AKS-1

$$(x^{m_k} + a)^u \equiv x^{m_k u} + a \equiv x^{m_k v} + a \equiv (x^{m_k} + a)^v \bmod (p, x^r - 1). \qquad \square$$

Im Folgenden sei, wie im AKS-Kriterium vorausgesetzt, $1 < s \in \mathbb{N}$ und $\mathrm{ggT}(a,n) = 1$ für alle $a = 1, \ldots, s$. Wegen $p \mid n$ gilt sicher $p > s$. Somit sind die linearen Polynome $x + a \in \mathbb{Z}_p[x]$ für $a = 1, \ldots, s$ paarweise verschieden. Setzen wir für $e = (e_1, \ldots, e_s) \in \mathbb{N}_0^s$ nun

$$f_e = \prod_{a=1}^s (x + a)^{e_a} \in \mathbb{Z}_p[x],$$

so gilt offenbar auch $f_e \ne f_{e'}$ für $e \ne e'$. Sei ζ eine primitive r-te Einheitswurzel über $\mathbb{Z}_p$, d.h. es gibt einen Körper $K \supseteq \mathbb{Z}_p$ mit $\zeta \in K$ von der Ordnung r (siehe Aufgabe 97 im Abschnitt 22). Jedem f_e ordnen wir nun den Vektor

$$\hat{f}_e = (f_e(\zeta^{m_1}), \ldots, f_e(\zeta^{m_d})) \in K^d$$

zu.

Lemma

> **AKS-3.** Ist $e \ne e'$ und $\max\{\mathrm{Grad}\, f_e, \mathrm{Grad}\, f_{e'}\} < \varphi(r)$, so gilt $\hat{f}_e \ne \hat{f}_{e'}$.

Beweis. Mit Lemma AKS-1 erhalten wir

$$
\begin{aligned}
f_e(x^{m_k})^{n^i p^j} &= \prod_{a=1}^{s}(x^{m_k}+a)^{n^i p^j e_a} \\
&\equiv \prod_{a=1}^{s}(x^{m_k n^i p^j}+a)^{e_a} \quad \mod(p, x^r-1) \\
&\equiv f_e(x^{m_k n^i p^j}) \qquad\qquad \mod(p, x^r-1).
\end{aligned}
$$

Wegen $\zeta^r = 1$ folgt

$$
f_e(\zeta^{m_k})^{n^i p^j} = f_e(\zeta^{m_k n^i p^j}).
$$

Angenommen $\hat{f}_e = \hat{f}_{e'}$, also $f_e(\zeta^{m_k}) = f_{e'}(\zeta^{m_k})$ für $k = 1, \ldots, d$. Somit ist

$$
f_e(\zeta^{m_k n^i p^j}) = f_{e'}(\zeta^{m_k n^i p^j}),
$$

d.h. $g = f_e - f_{e'} \in \mathbb{Z}_p[x]$ hat $\zeta^{m_k n^i p^j}$ als Nullstelle. Wegen $\mathbb{Z}_r^* = \cup_{k=1}^{d} m_k U$ sind dann alle Elemente aus $\mathbb{Z}_r^*$ Nullstellen von G. Da $|\mathbb{Z}_r^*| = \varphi(r)$ und $\mathrm{Grad}\, g < \varphi(r)$ ist, folgt $f_e = f_{e'}$, also $e = e'$. $\qquad\square$

Beweisabschluss. Im Lemma AKS-3 gibt es $\binom{\varphi(r)+s-1}{s}$ Möglichkeiten für die Wahl von $e = (e_1, \ldots, e_s)$ mit $\sum_{k=1}^{s} e_k < \varphi(r)$ (siehe Aufgabe 70). Sei G die von allen $\zeta^{m_k} + a \neq 0$ erzeugte Untergruppe von K^* und $\mathcal{G} = G \cup \{0\}$. Wegen $\hat{f}_e \in \mathcal{G}^d$ und $\hat{f}_e \neq \hat{f}_{e'}$ für $e \neq e'$ folgt

$$
|\mathcal{G}|^d \geq \binom{\varphi(r)+s-1}{s}
$$

und nach den Voraussetzungen im AKS-Kriterium

$$
|\mathcal{G}|^d \geq \binom{\varphi(r)+s-1}{s} > n^{2d\lfloor\sqrt{\frac{\varphi(r)}{d}}\rfloor}.
$$

Somit ist

$$
|\mathcal{G}| > n^{2\lfloor\sqrt{\frac{\varphi(r)}{d}}\rfloor}.
$$

Seien u, v wie im Lemma AKS-2 bestimmt. Da $u, v \leq n^i p^j$ für $0 \leq i, j \leq \lfloor\sqrt{\frac{\varphi(r)}{d}}\rfloor$, gilt $u, v \leq n^{2\lfloor\sqrt{\frac{\varphi(r)}{d}}\rfloor}$, also $|u-v| < n^{2\lfloor\sqrt{\frac{\varphi(r)}{d}}\rfloor}$ wegen $u, v \neq 0$. Es folgt

$$
|\mathcal{G}| > |u-v| + 1.
$$

Wegen

$$
(\zeta^{m_k}+a)^u = (\zeta^{m_k}+a)^v
$$

für $k = 1, \ldots, d$ und $a = 1, \ldots, s$ (siehe Lemma AKS-2), gilt $g^u = g^v$ für alle $g \in \mathcal{G}$. Somit hat die Gleichung $x^u = x^v$ in K mehr als $|u-v| + 1$ Lösungen, was $u = v$ erzwingt. Ist $i = h$, so folgt aus $n^i p^j = u = v = n^h p^l$, dass $j = l$ ist. Dann ist $(i,j) = (h,l)$ entgegen Lemma AKS-2. Somit ist $i \neq h$ und damit n eine Potenz von p.

Übungsaufgaben

Aufgabe 69. (Satz von Wilson) Beweisen Sie: Genau dann ist $n \in \mathbb{N}$ eine Primzahl, wenn die Kongruenz $(n-1)! \equiv -1 \bmod n$ gilt.

Aufgabe 70. Sei $w \in \mathbb{N}_0$. Weiterhin sei $M = \{(n_1, \ldots, n_s) \mid n_i \in \mathbb{N}_0, \sum_{i=1}^{s} n_i \leq w\}$ und $N = \{(n_1, \ldots, n_s, n_{s+1}) \mid n_i \in \mathbb{N}, \sum_{i=1}^{s+1} n_i = w + s + 1\}$. Zeigen Sie:
a) $|M| = |N|$.
b) $|N| = \binom{w+s}{s}$.

Hinweis: $|N|$ ist die Anzahl der Möglichkeiten, s Kreuze auf die Zwischenräume einer Strecke mit $w + s + 1$ Punkten zu verteilen.

$$1 \quad 2 \qquad\qquad\qquad\qquad\qquad\qquad\qquad w + s + 1$$

■ 18
Wahrscheinlichkeitstheoretische Primzahltests

Der im letzten Abschnitt behandelte AKS-Algorithmus hat bei seiner Entdeckung großes Aufsehen erregt. Trotz seiner polynomialen Laufzeit ist er, wie alle anderen deterministischen Tests, für die Kryptographie bis heute nicht praktikabel, d.h. für große n liefert er in akzeptabler Zeit kein Ergebnis. Erstaunlich gute Ergebnisse liefern hingegen *wahrscheinlichkeitstheoretische Tests*, die schnell sind, jedoch nur aussagen, dass n mit einer gewissen Wahrscheinlichkeit eine Primzahl ist.

Ist p eine Primzahl und $a \in \mathbb{Z}$ mit $\mathrm{ggT}(a,p) = 1$, so besagt der kleine Fermat'sche Satz, dass

$$a^{p-1} \equiv 1 \bmod p$$

ist. Dies führt zum sogenannten Fermat-Test[6]:

Fermat-Test

Gegeben seien $2 \leq n \in \mathbb{N}$ und ein $k \in \mathbb{N}$. Wir wählen nacheinander und zufällig höchstens k verschiedene $a \in \{2, \ldots, n-1\}$ und zwar so lange, bis wir gegebenenfalls ein a mit

$$a^{n-1} \not\equiv 1 \bmod n$$

gefunden haben. Finden wir ein solches a, so ist a keine Primzahl. Finden wir kein solches a, so beenden wir den Test mit „Fehlmeldung".

Nun kann es passieren, dass für alle zu n teilerfremden a stets $a^{n-1} \equiv 1 \bmod n$ gilt, obwohl n keine Primzahl ist. Derartige n heißen *Carmichael-Zahlen*[7]. Sie lassen sich leicht charakterisieren.

---

[6] Pierre Fermat (1601–1665) Toulouse. Jurist und Mathematiker. Lieferte wichtige Beiträge zur Zahlentheorie.

[7] Robert Daniel Carmichael (1879–1967) Urbana-Champaign. Schrieb Lehrbücher über Relativitätstheorie, Zahlentheorie, Gruppentheorie, diophantische Analysis, Calculus.

Korselts Charakterisierung von Carmichael-Zahlen [8]. Sei $n \in \mathbb{N}$ ungerade und $n = \prod_{i=1}^{k} p_i^{e_i}$ mit $e_i \in \mathbb{N}$ und paarweise verschiedenen Primzahlen p_i. Dann sind gleichwertig:

a) n ist eine Carmichael-Zahl.
b) $k \geq 3$, $e_i = 1$ und $p_i - 1 \mid n - 1$ für alle $i = 1, \ldots, k$.

Satz

Beweis. a) $\Rightarrow$ b) Sei $n = p^e m$ mit einer Primzahl $p \nmid m$ und $e \in \mathbb{N}$. Nach Aufgabe 87 im Abschnitt 22 ist $\mathbb{Z}_{p^e}^*$ zyklisch, wird also von einem Element $a \in \mathbb{Z}$ erzeugt. Der Satz über simultane Kongruenzen liefert ein $b \in \mathbb{Z}$ mit

$$b \equiv a \bmod p^e \quad \text{und} \quad b \equiv 1 \bmod m.$$

Wegen $p \nmid a$ ist $\mathrm{ggT}(b, n) = 1$. Da n nach Annahme eine Carmichael-Zahl ist, erhalten wir $b^{n-1} \equiv 1 \bmod n$, insbesondere $b^{n-1} \equiv 1 \bmod p^e$. Somit ist

$$a^{n-1} \equiv b^{n-1} \equiv 1 \bmod p^e.$$

Es folgt

$$\mathrm{Ord}\ a + p^e\mathbb{Z} = p^{e-1}(p-1) \mid n - 1.$$

Dies zeigt $p - 1 \mid n - 1$ und $e = 1$ wegen $p \nmid n - 1$. Schließlich haben wir noch $k \geq 3$ nachzuweisen. Angenommen, $n = p_1 p_2$ mit $p_1 > p_2$. Nun gilt

$$n - 1 = p_1 p_2 - 1 = (p_1 - 1)p_2 + p_2 - 1 \equiv p_2 - 1 \bmod (p_1 - 1).$$

Wegen $p_1 - 1 \nmid p_2 - 1$ folgt $p_1 - 1 \nmid n - 1$ entgegen dem bereits Gezeigten.
b) $\Rightarrow$ a) Sei $n - 1 = (p_i - 1)d_i$ mit $d_i \in \mathbb{N}$ für $i = 1, \ldots, k$ und $\mathrm{ggT}(c, n) = 1$ für $c \in \mathbb{Z}$. Es folgt

$$c^{n-1} = (c^{p_i - 1})^{d_i} \equiv 1 \bmod p_i$$

für $i = 1, \ldots, k$, also $c^{n-1} \equiv 1 \bmod n$. Dies zeigt, dass n eine Carmichael-Zahl ist. $\square$

Es gibt unendlich viele Carmichael-Zahlen, was bereits Carmichael 1910 vermutet hat, aber erst 1994 von Alford, Granville und Pomerance bewiesen wurde [2]. Die kleinste Carmichael-Zahl ist 561 (siehe Aufgabe 71). Der Fermat-Test liefert also für unendlich viele n stets „Fehlmeldung". Dieses Phänomen passiert nicht bei den beiden nächsten Tests. Sie sind dafür um einiges aufwändiger. Der erste beruht auf folgender Beobachtung.

Seien p eine ungerade Primzahl und $a \in \mathbb{Z}$ mit $\mathrm{ggT}(a, p) = 1$. Ist $p - 1 = 2^s t$ mit $2 \nmid t$, so gilt

$$a^t \equiv 1 \bmod p \quad \text{oder} \quad a^{2^r t} \equiv -1 \bmod p \text{ für ein geeignetes } 0 \leq r < s.$$

Lemma

---

[8]Alwin Reinhold Korselt (1864–1947). Mathematiker.

Beweis. Wegen $p \mid a^{p-1} - 1 = (a^{\frac{p-1}{2}} + 1)(a^{\frac{p-1}{2}} - 1)$ gilt

$$p \mid a^{\frac{p-1}{2}} + 1 \quad \text{oder} \quad p \mid a^{\frac{p-1}{2}} - 1.$$

Im ersten Fall sind wir bereits fertig. Im zweiten liefert eine Induktion die Behauptung. □

Sei $1 < n \in \mathbb{N}$ eine ungerade zusammengesetzte Zahl. Sei $n - 1 = 2^s t$ mit $2 \nmid t$. Dann nennen wir $a \in \mathbb{N}$ mit $1 < a < n$ und $ggT(a,n) = 1$ einen *Zeugen dafür, dass n zusammengesetzt ist*, falls

$$a^t \not\equiv 1 \bmod n \quad \text{und} \quad a^{2^r t} \not\equiv -1 \bmod n \ \text{für alle} \ 0 \leq r < s$$

gilt. Man kann nun für $n > 9$ zeigen (siehe Satz 12.4 in [15]), dass

$$|\{a \mid 1 \leq a < n, \ ggT(a,n) = 1, \ a \ \text{ist Zeuge für} \ n \ \text{zusammengesetzt}\}| \geq \frac{3\varphi(n)}{4}$$

ist. Wegen $|\{a \mid 1 \leq a < n, \ ggT(a,n) = 1\}| = \varphi(n)$ erhalten wir also bei zufälliger Wahl von a in mindestens Dreiviertel der Fälle, dass n keine Primzahl ist. Dieser Sachverhalt liegt dem folgenden Test zugrunde, mittels dessen man mit beliebig hoher Wahrscheinlichkeit feststellen kann, ob eine ungerade natürliche Zahl eine Primzahl ist.

Der Miller-Rabin-Test

Gegeben seien eine ungerade natürliche Zahl n und ein $k \in \mathbb{N}$. Wir wählen nacheinander und zufällig höchstens k Zahlen $a \in \{2, \ldots, n-1\}$ mit $ggT(a,n) = 1$ (sonst ist bereits gezeigt, dass n zusammengesetzt ist) und zwar solange, bis wir gegebenenfalls einen Zeugen für die Zusammengesetztheit von n gefunden haben. Finden wir unter den k gewählten a keinen Zeugen, so beenden wir den Test mit der Ausgabe „Fehlmeldung".

Wird der Miller-Rabin-Test für ein $n \in \mathbb{N}$ mit „Fehlmeldung" beendet, so hat sich n im Test wie eine Primzahl verhalten. Sie muss jedoch keine sein. Die Wahrscheinlichkeit, dass der Miller-Rabin-Test für ein zusammengesetztes n mit „Fehlmeldung" endet, ist kleiner oder gleich $(\frac{1}{4})^k$, da ein zufälliges a, wie oben vermerkt, mit Wahrscheinlichkeit kleiner oder gleich $\frac{1}{4}$ kein Zeuge für die Zusammengesetztheit von n ist und die a's unabhängig gewählt wurden. Mit anderen Worten: Endet der Miller-Rabin-Test für großes k mit „Fehlmeldung", so ist n mit hoher Wahrscheinlichkeit eine Primzahl.

Ähnlich dem Miller-Rabin-Test ist auch der Solovay-Strassen-Test wahrscheinlichkeitstheoretischer Natur. Zu seiner Formulierung benötigen wir folgende Definition.

Legendre-Symbol [9]. Sei p eine ungerade Primzahl. Für $0 \leq a \in \mathbb{Z}$ setzen wir   Definition

$$\left(\frac{a}{p}\right) = \left\{ \begin{array}{ll} 0 & \text{falls } p \mid a \\ 1 & \text{falls } a \equiv b^2 \bmod p \text{ für ein } b \in \mathbb{Z} \\ -1 & \text{sonst.} \end{array} \right.$$

Ist das Legendre-Symbol $\left(\frac{a}{p}\right)$ gleich 1, so ist a also ein Quadrat modulo p; ist es -1, so ist a ein Nichtquadrat modulo p.

Der Solovay-Strassen-Test beruht nun auf der folgenden bereits von Euler festgestellten Beobachtung.

Euler'sches Lemma [10]. Ist p eine Primzahl und $p \nmid a \in \mathbb{Z}$, so gilt   Lemma

$$a^{\frac{p-1}{2}} \equiv \left(\frac{a}{p}\right) \bmod p.$$

Beweis. Gilt $\left(\frac{a}{p}\right) = 1$, also $a \equiv b^2 \bmod p$, so liefert der kleine Fermat'sche Satz

$$a^{\frac{p-1}{2}} \equiv b^{p-1} \equiv 1 \bmod p.$$

Ist $\left(\frac{a}{p}\right) = -1$, also a kein Quadrat modulo p, und $g \in \mathbb{Z}$ ein Erzeuger der multiplikativen Gruppe $\mathbb{Z}_p^*$, so gilt $a \equiv g^k \bmod p$ mit k ungerade. Es folgt

$$a^{\frac{p-1}{2}} \equiv g^{k\frac{p-1}{2}} \not\equiv 1 \bmod p$$

wegen $2 \nmid k$. Da $a^{p-1} \equiv 1 \bmod p$ ist, erhalten wir $a^{\frac{p-1}{2}} \equiv -1 \bmod p$. $\qquad\square$

Sei wieder $1 < n \in \mathbb{N}$ eine zusammengesetzte ungerade Zahl. Wir nennen nun ein $1 < a < n$ mit $\mathrm{ggT}(a,n) = 1$ einen *Zeugen für die Zusammengesetztheit von n*, falls

$$a^{\frac{n-1}{2}} \not\equiv \left(\frac{a}{n}\right) \bmod n$$

gilt, wobei das Legendre-Symbol durch das allgemeinere *Jacobi-Symbol* [11] zu ersetzen ist. Es ist für ungerades $n = p_1^{e_1} \ldots p_s^{e_s}$ mit Primzahlen p_i und $e_i \in \mathbb{N}$ definiert als

$$\left(\frac{a}{n}\right) = \left(\frac{a}{p_1}\right)^{e_1} \cdots \left(\frac{a}{p_s}\right)^{e_s},$$

---

[9]Adrien-Marie Legendre (1752–1833) Paris. Himmelsmechanik, Variationsrechnung, elliptische Integrale, Zahlentheorie, Geometrie.

[10]Leonhard Euler (1707–1783) Basel, Berlin, St. Petersburg. Der vielseitigste Mathematiker des 18. Jahrhunderts. Beiträge zu Analysis, Algebra, Zahlentheorie, Mechanik, Astronomie.

[11]Carl Gustav Jacobi (1804–1851) Königsberg, Berlin. Zahlentheorie, elliptische Funktionen, Differentialgleichungen, Determinanten, Mechanik.

wobei auf der rechten Seite Legendre-Symbole stehen. Das Jacobi-Symbol läßt sich leicht mittels Anwendung der folgenden Regeln, die wir nicht beweisen, berechnen (siehe [15], Abschnitt 11). Für $m, n \in N$ ungerade, $\operatorname{ggT}(n, m) = 1$ und $a_1, a_2 \in \mathbb{Z}$ gilt:

(1) Ist $a_1 \equiv a_2 \bmod n$, so ist $\left(\frac{a_1}{n}\right) = \left(\frac{a_2}{n}\right)$.

(2) $\left(\frac{a_1 a_2}{n}\right) = \left(\frac{a_1}{n}\right)\left(\frac{a_2}{n}\right)$. Insbesondere gilt $\left(\frac{2^k m}{n}\right) = \left(\frac{2}{n}\right)^k \left(\frac{m}{n}\right)$.

(3) $\left(\frac{2}{n}\right) = \begin{cases} 1 & \text{falls } n \equiv \pm 1 \bmod 8 \\ -1 & \text{falls } n \equiv \pm 5 \bmod 8. \end{cases}$

(4) **(Reziprozitätsgesetz)** $\left(\frac{m}{n}\right) = \begin{cases} -\left(\frac{n}{m}\right) & \text{falls } m \equiv n \equiv 3 \bmod 4 \\ \left(\frac{n}{m}\right) & \text{sonst.} \end{cases}$

Das Reziprozitätsgesetz ist das entscheidende Hilfsmittels bei der Berechnung des Jacobi-Symbols.

Beispiel

$$\begin{aligned}
\left(\tfrac{35}{1683}\right) &= -\left(\tfrac{1683}{35}\right) & \text{wegen (4)} \\
&= -\left(\tfrac{3}{35}\right) & \text{wegen (1)} \\
&= \left(\tfrac{35}{3}\right) & \text{wegen (4)} \\
&= \left(\tfrac{2}{3}\right) & \text{wegen (1)} \\
&= -1 & \text{wegen (3).}
\end{aligned}$$

Der Solovay-Strassen-Test

Gegeben sei eine ungerade natürliche Zahl n und ein $k \in \mathbb{N}$. Wir wählen nacheinander und zufällig höchstens k Zahlen $a \in \{2, \dots, n-1\}$ mit $\operatorname{ggT}(a, n) = 1$ und zwar so lange, bis wir gegebenenfalls einen Zeugen für die Zusammengesetztheit von n gefunden haben. Finden wir unter den k gewählten a keinen Zeugen, so beenden wir den Test mit der Ausgabe „Fehlmeldung".

Findet man einen Zeugen a für n, so ist n wegen des Euler'schen Lemmas keine Primzahl. Die Wahrscheinlichkeit, dass der Solovay-Strassen-Test für ein zusammengesetztes n mit „Fehlmeldung" endet, ist kleiner oder gleich $(\frac{1}{2})^k$ (siehe [15], Abschnitt 12). Um festzustellen, ob n mit einer gewissen Wahrscheinlichkeit eine Primzahl ist, muss man beim Solovay-Strassen-Verfahren also doppelt so viele a's testen wie beim Miller-Rabin-Verfahren. Auch ein einzelner Test ist wegen der Berechnung des Jacobi-Symbols aufwändiger.

Übungsaufgaben

Aufgabe 71. Zeigen Sie, dass 561 und 41041 Carmichael-Zahlen sind.

Aufgabe 72. Sei p eine ungerade Primzahl. Beweisen Sie: Genau dann gilt $\left(\frac{-1}{p}\right) = 1$, wenn $4 \mid p - 1$.

Aufgabe 73. Zeigen Sie: Endet der Miller-Rabin-Test für ein gegebenes ungerades $n \in \mathbb{N}$ mit „Fehlmeldung", so endet auch der Fermat-Test für die gleichen $a \in \mathbb{Z}$ mit „Fehlmeldung".

Aufgabe 74. Geben Sie ein $a \in \mathbb{N}$ und ein ungerades $n \in \mathbb{N}$ an mit $(\frac{a}{n}) = 1$ und a kein Quadrat modulo n.

Aufgabe 75. Berechnen Sie das Jacobi-Symbol $(\frac{219}{383})$.

Aufgabe 76. a) Zeigen Sie mittels des Miller-Rabin-Tests, dass $n = 99991$ mit Wahrscheinlichkeit größer als $1 - (\frac{1}{4})^5 \approx 0.999$ eine Primzahl ist.
b) Wählen Sie in a) statt des Miller-Rabin-Tests den Solovay-Strassen-Test.

■ 19
Faktorisierung ganzer Zahlen

Unter einem Faktorisierungsalgorithmus verstehen wir einen Algorithmus, der für eine gegebene zusammengesetzte Zahl einen nichttrivialen Teiler findet. Von der Effizienz solcher Algorithmen hängt die Sicherheit des RSA-Verfahrens ab. Mittlerweile gibt es eine Fülle solcher Faktorisierungsalgorithmen, so dass wir hier nur auf wenige eingehen können. Wir behandeln Pollards $(p - 1)$-Methode und Lenstras elliptische Kurvenmethode, mit der man oft durch geschickte Wahl der Kurve Nachteile der Pollard-Methode vermeiden kann. Weiterhin stellen wir die Siebmethode vor, mittels derer der Aufwand im entscheidenden Schritt der Dixon-Methode wesentlich reduziert wird. Sie gehört zur Zeit mit zu den effektivsten Faktorisierungsmethoden.

Ehe man einen Faktorisierungsalgorithmus auf $n \in \mathbb{N}$ anwendet, sollte man sich vergewissern, dass n zusammengesetzt ist. Anderenfalls kommt man zu keinem Ergebnis. Hierzu können die Primzahltests des vorigen Abschnitts benutzt werden. Ferner dürfen wir stets annehmen, dass n ungerade ist, indem wir den 2-Anteil von n abdividieren.

Pollards $(p - 1)$-Methode

Gegeben sei ein ungerades zusammengesetztes $n \in \mathbb{N}$. Zum Auffinden eines nichttrivialen Teilers von n gehen wir wie folgt vor:

1. Wir wählen $2 \leq a < n$ mit $\mathrm{ggT}(a,n) = 1$ (sonst haben wir bereits einen nichttrivialen Teiler gefunden) und ein $2 \leq b \in \mathbb{N}$.
2. Wir berechnen $a_b := (((a^2)^3) \ldots)^b \equiv a^{b!} \bmod n$ und bestimmen

$$d = \mathrm{ggT}(a_b - 1, n).$$

3. Ist $1 < d < n$, so sind wir fertig. Anderenfalls gehen wir zu Schritt 1 und wählen ein neues a oder b oder beides.

Sei $n = 4003997$. Setzen wir $a = 2$ und $b = 13$, so finden wir mit der Methode von Pollard   Beispiel

$$a_b \equiv 2^{13!} \bmod 4003997 = 1640458$$

und

$$\mathrm{ggT}(a_b - 1, n) = 2003.$$

Bemerkungen zu Pollards $(p-1)$-Methode

a) Sei p eine Primzahl mit $p \mid n$ und $p - 1 = \prod_{i=1}^{s} p_i^{e_i}$ mit paarweise verschiedenen Primzahlen p_i und $e_i \in \mathbb{N}$. Angenommen,

$$(*) \qquad p_i^{e_i} \le b \qquad \text{für alle } i = 1, \dots, s.$$

Wegen $p - 1 \mid b!$ und $a_b \equiv a^{b!} \bmod n$ erhalten wir mittels des kleinen Fermat'schen Satzes

$$a_b \equiv 1 \bmod p,$$

also $p \mid \mathrm{ggT}(a_b - 1, n)$.

b) Pollard's $(p-1)$-Methode hat für die RSA-Verschlüsselung die folgende Konsequenz. Wählen wir $n = pq$ mit großen Primzahlen $p \ne q$, so sollten $p - 1$ und $q - 1$ einen großen Primteiler haben, so dass die Bedingung $(*)$ verletzt ist. Man beachte, dass b aufgrund der Laufzeit nicht allzu groß gewählt werden kann.

Pollards $(p-1)$-Methode bereitet Schwierigkeiten, wenn $p - 1$ einen großen Primteiler hat, wenn also die Gruppe $\mathbb{Z}_p^*$ ein Element großer Primzahlordnung hat. Diesen Nachteil kann man, wie Lenstra gezeigt hat, umgehen, indem man die Gruppe $\mathbb{Z}_p^*$ durch die Gruppe einer elliptischen Kurve ersetzt. Hier hat man Möglichkeiten in der Wahl der Kurve, so dass man unter Umständen Elemente von großer Primzahlordnung vermeiden kann. Im Folgenden beschreiben wir Lenstras elliptische Kurvenmethode. Dazu benötigen wir den Begriff der Reduktion einer Kurve. Für eine Primzahl p sei $\bar{\ } : \mathbb{Z} \to \mathbb{Z}_p$ der Ringhomomorphismus, der durch $x \mapsto \bar{x} = x \bmod p$ für $x \in \mathbb{Z}$ definiert ist.

Definition

Gegeben sei die elliptische Kurve

$$E_0 : y^2 = x^3 + ax + b$$

über $\mathbb{Q}$ mit $a, b \in \mathbb{Z}$: Ferner sei $p \ne 2, 3$ eine Primzahl mit $p \nmid 4a^3 + 27b^2$. Dann definiert

$$E_p : y^2 = x^3 + \bar{a}x + \bar{b}$$

eine elliptische Kurve über dem Körper $\mathbb{Z}_p$, die wir die *Reduktion von E_0 modulo p* nennen.

Ein Punkt $P = (x, y)$ auf der Kurve E_0 hat also Koordinaten in $\mathbb{Q}$. Sind die Nenner von x und y teilerfremd zu p, so sind sie invertierbar modulo p und wir können $\bar{P} = (\bar{x}, \bar{y})$ bilden. Der Punkt $\bar{P}$ liegt offenbar auf der modulo p reduzierten Kurve E_p. Nun passiert folgendes:

Sind P_1, P_2 rationale Punkte auf der Kurve E_0, so ist auch $P_3 = P_1 + P_2$ ein Punkt auf der Kurve E_0. Liegt nicht der Ausnahmefall $P_3 = \mathcal{O}$ vor, so können wir die Koordinaten von P_3 nach der Additionsformel im Abschnitt 15 berechnen. Sind nun die Koordinaten der Nenner von P_1 und P_2 teilerfremd zu p, so existieren zwar $\bar{P}_1, \bar{P}_2$ und wir können wieder $Q = \bar{P}_1 + \bar{P}_2$ ausrechnen, aber im allgemeinen ist Q nicht $\bar{P}_3$. Dies liegt einfach daran, das wir $\bar{P}_3$ nicht bilden können, wenn die Koordinaten von P_3 Nenner haben, die durch p teilbar sind. Genau dies nutzt Lenstra in seiner Methode aus.

Lenstras elliptische Kurvenmethode

Gegeben sei ein zusammengesetztes $n \in \mathbb{N}$ mit $2,3 \nmid n$. Zum Aufsuchen eines nichttrivialen Teilers von n gehen wir wie folgt vor:

1. Wir wählen eine elliptische Kurve

$$E_0 : y^2 = x^3 + ax + b$$

über $\mathbb{Q}$ mit $a,b \in \mathbb{Z}$ und $\mathrm{ggT}(4a^3 + 27b^2, n) = 1$. Ferner wählen wir einen Punkt $P = (\alpha, \beta)$ auf E_0 mit $\alpha, \beta \in \mathbb{Z}$.

Konkret können wir dazu wie folgt vorgehen: Wir geben $\alpha, \beta, a \in \mathbb{Z}$ beliebig vor und setzen $b = \beta^2 - \alpha^3 - a\alpha$. Dann berechnen wir $d = \mathrm{ggT}(4a^3 + 27b^2, n)$. Ist $1 < d < n$, so haben wir bereits einen nichttrivialen Teiler von n gefunden. Ist $d = n$, so wählen wir eine neue elliptische Kurve, so dass wir $d = 1$ annehmen können.

2. Wir versuchen nun

$$2P \bmod n, \ 3P \bmod n, \ \ldots, \ kP \bmod n$$

nacheinander zu berechnen. Die Koordinaten von $2P, 3P, \ldots$ lassen sich mit den Additionsformeln angeben. Ihre Werte liegen in $\mathbb{Q}$. Möchten wir diese modulo n lesen, also als Werte in $\mathbb{Z}_n = \{0, 1, \ldots, n-1\}$ auffassen, so müssen die auftretenden Nenner modulo n invertierbar sein. Dies ist genau dann der Fall, wenn sie zu n teilerfremd sind. Sei $z \in \mathbb{Z}$ ein solcher Nenner und $d = \mathrm{ggT}(z, n)$. Ist $1 < d < n$, so haben wir einen nichttrivialen Nenner gefunden. Ist $d = 1$, so versuchen wir das nächste Vielfache von P modulo n zu berechnen. Liegt der Ausnahmefall $d = n$ vor, so starten wir mit einer neuen Kurve oder einem anderen Punkt auf der Kurve.

Bevor wir die Effizienz dieser Methode untersuchen, betrachten wir ein „kleines" Beispiel, um die Schritte des Lenstra-Verfahrens zu verdeutlichen.

Sei $n = 1739 = 37 \cdot 47$.   **Beispiel**

1. Wir wählen $a = \alpha = 1$ und $\beta = -1$. Dann ist $P = (1, -1)$ und weiterhin gilt $b = \beta^2 - \alpha^3 - a\alpha = -1$. Die Kurve über $\mathbb{Q}$ lautet somit

$$E_0 : y^2 = x^3 + x - 1.$$

Offenbar ist $\mathrm{ggT}(4a^3 + 27b^2, n) = \mathrm{ggT}(31, 1739) = 1$.

2. Wir berechnen zunächst $2P \bmod 1739$. Schreiben wir nun $P = (x_1, y_1)$ und $2P = P + P = (x_3, y_3)$, so liefern die Additionsformeln aus Abschnitt 15

$$x_3 = \left(\frac{3x_1^2 + a}{2y_1}\right)^2 - 2x_1 = 2$$

$$y_3 = \left(\frac{3x_1^2 + a}{2y_1}\right)(x_1 - x_3) - y_1 = 3.$$

Also gilt $2P = (2,3)$. Wir setzen $Q = 2P \bmod 1739 = (2,3) = (x_1, y_1)$ und berechnen $4P = Q + Q = (x_3, y_3)$. Wir erhalten

$$x_3 = \left(\frac{3x_1^2 + a}{2y_1}\right)^2 - 2x_1 = (\frac{13}{6})^2 - 4 = \frac{5^2}{6^2}$$

und

$$y_3 = \left(\frac{3x_1^2 + a}{2y_1}\right)(x_1 - x_3) - y_1 = \frac{13}{6}(2 - \frac{5^2}{6^2}) - 3 = -\frac{37}{6^3}.$$

Somit ist $4P = (\frac{5^2}{6^2}, -\frac{37}{6^3})$. Wegen $\frac{1}{6^2} \equiv 628 \bmod 1739$ und $\frac{1}{6^3} \equiv 1264 \bmod 1739$ folgt $R = 4P \bmod 1739 = (49, 185)$. Beim Berechnen von $8P = R + R$ tritt nun $y_1 = 185$ im Nenner auf und mit

$$d = \mathrm{ggT}(185, 1739) = 37$$

haben wir einen nichttrivialen Teiler von 1739 gefunden.

Bemerkungen zu Lenstras elliptischer Kurvenmethode

a) Angenommen, wir könnten $kP \bmod n$ berechnen. Ist p eine Primzahl mit $p \mid n$, so ist $Q = kP \bmod p$ ein Punkt auf der modulo p reduzierten Kurve E_p. Ferner ist $Q \neq \mathcal{O}$, da bei der Berechnung von Q mittels $2P, 3P, \ldots$ alle auftretenden Nenner nicht durch p teilbar sind. (Man beachte dabei, dass für zwei Punkte P_1, P_2 die Addition $P_1 + P_2$ nur dann das neutrale Element $\mathcal{O}$ sein kann, wenn $x_2 - x_1 = 0$ oder $y_1 = 0$ ist.) Somit enthält $E_p(\mathbb{Z}_p)$ einen Punkt der Ordnung größer als k. Anderseits gilt nach dem Satz von Hasse (siehe Abschnitt 15), dass

$$|E_p(\mathbb{Z}_p)| \le p + 1 + 2\sqrt{p}.$$

Für großes k kann man also $kP \bmod n$ nicht mehr berechnen, d.h. bei der sukzessiven Berechnung von $2P \bmod n$, $3P \bmod n$, $\ldots$ tritt irgendwann ein Nenner z mit $\mathrm{ggT}(z, n) \neq 1$ auf.

b) Nach a) führt Lenstras Methode häufig zu einer Faktorisierung, falls es eine Primzahl $p \mid n$ gibt, so dass $|E_p(\mathbb{Z}_p)|$ nur kleine Primteiler hat. In diesem Fall gilt für viele Punkte P und kleines k, dass $kP \bmod p = \mathcal{O}$ ist, so dass $kP \bmod n$ nicht berechnet werden kann. Man findet dann häufig einen nichttrivialen Teiler von n. Hat $|E_p(\mathbb{Z}_p)|$ für alle Primzahlen $p \mid n$ große Primteiler, so können wir mit einer anderen elliptischen Kurve starten. Diese Wahlmöglichkeit ist bei Pollards $(p-1)$-Methode nicht gegeben.

c) Ist $n = pq$ mit Primzahlen $p, q \approx \sqrt{n}$, so ist die erwartete Laufzeit zum Auffinden von p beziehungsweise q gleich $L_n[\frac{1}{2}, 1]$, also subexponentiell.

Einige Faktorisierungsalgorithmen, insbesondere die Dixon-Methode und ihre von Pomerance entdeckte Verbesserung, die heute als das *quadratische Sieb* bezeichnet wird, beruhen auf der folgenden einfachen

Faktorisierungsidee:

Gegeben sei $n \in \mathbb{N}$. Kann man $x, y \in \mathbb{Z}$ finden mit

(i) $\qquad x \not\equiv \pm y \bmod n$,

(ii) $\qquad x^2 \equiv y^2 \bmod n$,

so liefert $\mathrm{ggT}(x \pm y, n)$ einen nichttrivialen Teiler von n.

Beweis. Wegen (ii) gilt $n \mid x^2 - y^2 = (x + y)(x - y)$ und wegen (i) ist $n \nmid x \pm y$. $\qquad \square$

Dixons Faktorisierungsmethode

Gegeben sei ein ungerades zusammengesetztes $n \in \mathbb{N}$. Wir versuchen einen nicht-trivialen Teiler von n zu finden, indem wir die folgenden Schritte ausführen.

1. Wir wählen $b \in \mathbb{N}$ und eine Faktorbasis $F(b) = \{p_1, \dots, p_b\}$, wobei die p_i paarweise verschiedene Primzahlen sind.
2. Sei $c \in \mathbb{N}$ und ein wenig größer als b gewählt, etwa $c = b + 10$. Für $1 \le j \le c$ bestimmen wir $x_j \in \mathbb{N}$, so dass

$$x_j^2 \equiv p_1^{e_{j1}} \dots p_b^{e_{jb}} \bmod n$$

gilt, d.h. x_j^2 faktorisiert modulo n in der Faktorbasis $F(b)$.
3. Für $1 \le j \le c$ setzen wir $a_j = (e_{j1} \bmod 2, \dots, e_{jb} \bmod 2) \in \mathbb{Z}_2^b$ und suchen eine Teilmenge $\mathcal{C} \subseteq \{1, \dots, c\}$, so dass

$$\sum_{j \in \mathcal{C}} a_j = (0, \dots, 0) \in \mathbb{Z}_2^b$$

ist.
4. Setzen wir $x = \prod_{j \in \mathcal{C}} x_j$ und $y = \prod_{i=1}^b p_i^{\beta_i}$ mit $\beta_i = \frac{1}{2} \sum_{j \in \mathcal{C}} e_{ji}$, so gilt $x^2 \equiv y^2 \bmod n$ wegen Schritt 2.

   Ist $x \not\equiv \pm y \bmod n$, so liefert $\mathrm{ggT}(x \pm y, n)$ einen nichttrivialen Teiler von n. Anderenfalls starten wir mit einer neuen Faktorbasis oder einem anderen $\mathcal{C}$.

Bemerkungen zur Dixon-Methode

a) Als Faktorbasis wählt man häufig die ersten b Primzahlen. Dabei sollte b nicht zu klein sein, denn sonst hat man in Schritt 2 Schwierigkeiten die x_j zu finden. Andererseits sollte b wegen der Laufzeit auch nicht zu groß sein.

b) Das Auffinden der x_j in Schritt 2 ist nichttrivial und erfordert einiges an Aufwand. Neben zufälligen Wahlen gibt es eine Methode, die auf der Kettenbruchzerlegung basiert. Hierauf gehen wir nicht ein, sondern verweisen auf den Abschnitt 22 in [15]. Das von Dixon vorgeschlagene Faktorisierungsverfahren gehört mit zu den effektivsten, wenn man den Schritt 2 mit dem quadratischen Sieb ausführt, welches wir im Anschluss behandeln.

c) Den Schritt 3 löst man durch das Aufsuchen einer nichttrivialen binären Lösung $(z_1, \ldots, z_c) \in \mathbb{Z}_2^c$ des linearen Gleichungssystems

$$(z_1, \ldots, z_c) \begin{pmatrix} e_{11} \bmod 2 & \ldots & e_{1b} \bmod 2 \\ \vdots & & \vdots \\ e_{c1} \bmod 2 & \ldots & e_{cb} \bmod 2 \end{pmatrix} = (0, \ldots, 0) \in \mathbb{Z}_2^b$$

mittels des Gauss-Algorithmus. Da das System wegen $c > b$ mehr Unbekannte als Gleichungen hat, gibt es mehrere Lösungen, wodurch man oft die in Schritt 4 unerwünschte Kongruenz $x \equiv \pm y \bmod n$ vermeiden kann.

Wie bereits erwähnt, erfordert der Schritt 2 in der Methode von Dixon einiges an Aufwand. Einer Idee von Pomerance folgend setzen wir

$$f(x) = (x + m)^2 - n$$

mit $m = \lfloor \sqrt{n} \rfloor$, und suchen c verschiedene

$$x \in \{0, \pm 1, \pm 2, \ldots\},$$

so dass $f(x)$ in der Faktorbasis $F(b)$ faktorisiert. Dazu kann man die folgende Beobachtung, die der Siebmethode zugrunde liegt, ausnutzen.

Lemma

> **Sieblemma.** Sei p eine Primzahl. Ist $f(x) \equiv 0 \bmod p$, so gilt $f(x \pm p) \equiv 0 \bmod p$. Das heißt: Ist x eine Nullstelle von f modulo p, so sind auch alle Elemente aus der Nebenklasse $x + p\mathbb{Z}$ Nullstellen von f modulo p.

Beweis. Es gilt

$$\begin{aligned} f(x \pm p) &= ((x \pm p) + m)^2 - n = (x \pm p)^2 + 2(x \pm p)m + m^2 - n \\ &\equiv x^2 + 2xm + m^2 - n \equiv f(x) \equiv 0 \bmod p. \quad \square \end{aligned}$$

Das Quadratische Sieb von Pomerance

Gegeben sei ein ungerades zusammengesetztes $n \in \mathbb{N}$. Zum Auffinden eines nichttrivialen Teilers von n verwenden wir die Methode von Dixon und führen den Schritt 2 wie folgt aus.

1. Wir setzen $f(x) = (x + m)^2 - n$ mit $m = \lfloor \sqrt{n} \rfloor$.
2. Wir wählen $s \in \mathbb{N}$ und setzen $\mathcal{S} = \{0, \pm 1, \ldots, \pm s\}$ (sog. *Siebintervall*).
3. Für jede Primzahl $2 \neq p \in F(b)$ suchen wir diejenigen $x \in \{0, \ldots, p-1\}$ mit $f(x) \equiv 0 \bmod p$. Entweder gibt es kein solches x (dies ist der Fall, wenn n kein Quadrat modulo p ist,) oder aber genau zwei, die wir mit $x_{1,p}, x_{2,p}$ bezeichnen.
4. Wegen des Sieblemmas gilt dann für alle

$$x \in x_{1,p} + p\mathbb{Z} \cup x_{2,p} + p\mathbb{Z},$$

dass $f(x) \equiv 0 \bmod p$ ist. Für diese x, die auch noch im Siebintervall S liegen, bestimmen wir die maximale p-Potenz, die $f(x)$ teilt.

5. Finden wir so nicht genügend viele x, so dass $f(x)$ vollständig in $F(b)$ faktorisiert, so vergrößern wir entweder das Siebintervall S oder aber wählen eine andere Faktorbasis $F(b)$.

Wir demonstrieren die Methode von Dixon-Pomerance an einem „kleinen" Beispiel.

Sei $n = 3939$. Dann ist $m = \lfloor \sqrt{n} \rfloor = 62$. Weiterhin sei $f(x) = (x + 62)^2 -$ Beispiel
3939. Als Faktorbasis wählen wir $F_b = \{2,3,5,11,13,19,23\}$ und als Siebintervall $\{0, \pm 1, \ldots, \pm 50\}$. Für $p = 5$ gilt $x_{1,p} = x_{1,5} = 0$ und $x_{2,p} = x_{2,5} = 1$. Sieben wir mit der Primzahl 5, so finden wir folgende Werte, die in F_b faktorisieren.

$$
\begin{aligned}
f(0) &= -5 \cdot 19 \\
f(5) &= 2 \cdot 5^2 \cdot 11 \\
f(-5) &= -2 \cdot 3 \cdot 5 \cdot 23 \\
f(-10) &= -5 \cdot 13 \cdot 19 \\
f(-50) &= -3 \cdot 5 \cdot 11 \cdot 23
\end{aligned}
$$

und

$$
\begin{aligned}
f(1) &= 2 \cdot 3 \cdot 5 \\
f(-4) &= -5^2 \cdot 23.
\end{aligned}
$$

Sieben wir mit 19, so erhalten wir

$$
\begin{aligned}
f(19) &= 2 \cdot 3 \cdot 19 \cdot 23 \\
f(-19) &= -2 \cdot 3 \cdot 11 \cdot 19.
\end{aligned}
$$

Schreiben wir nun die Exponenten der Faktorisierungen modulo 2 in eine Matrix, so erhalten wir

$$
\begin{pmatrix}
0 & 0 & 1 & 0 & 0 & 1 & 0 \\
1 & 0 & 0 & 1 & 0 & 0 & 0 \\
1 & 1 & 1 & 0 & 0 & 0 & 1 \\
0 & 0 & 1 & 0 & 1 & 1 & 0 \\
0 & 1 & 1 & 1 & 0 & 0 & 1 \\
1 & 1 & 1 & 0 & 0 & 0 & 0 \\
0 & 0 & 0 & 0 & 0 & 0 & 1 \\
1 & 1 & 0 & 0 & 0 & 1 & 1 \\
1 & 1 & 0 & 1 & 0 & 1 & 0
\end{pmatrix}.
$$

Die Addition der Zeilen 3, 6 und 7 ergibt den Vektor $(2,2,2,0,0,0,2)$, also modulo 2 den Nullvektor. Somit erhalten wir in Schritt 4 der Dixon-Methode für x, y die Werte $x = (-5 + 62)(1 + 62)(-4 + 62) \bmod 3939 = 3450$ und $y = 2 \cdot 3 \cdot 5 \cdot 23 = 690$. Es folgt

$$
\mathrm{ggT}(x + y, n) = \mathrm{ggT}(3540 + 690, 3939) = 3
$$

und der Teiler 3 von 3939 ist gefunden.

Bemerkungen zum Quadratischen Sieb

a) In die Faktorbasis muss man wegen der Darstellung von $f(x)$ nur solche Primzahlen p aufnehmen, für die n modulo p ein Quadrat ist.

b) Ist n das Produkt von zwei etwa gleich großen Primzahlen wie im RSA-Verfahren, so ist die Quadratische Siebmethode zum Auffinden der beiden Primzahlen häufig effizienter als Lenstras elliptische Kurvenmethode.

Übungsaufgaben

Aufgabe 77. a) Programmieren Sie unter Verwendung eines Computer-Algebrasystems Pollards $(p-1)$-Methode.

b) Berechnen Sie einen nichttrivialen Teiler von 998198809301.

Aufgabe 78. (Pollards Rho-Methode)

a) Programmieren Sie folgendes Verfahren zum Auffinden eines nichttrivialen Teilers von $n \in N$:

1. Setze $f(x) = x^2 + 1 \bmod n$.

2. Wähle x_0 mit $0 \leq x_0 < n$.

3. Berechne rekursiv $x_j = f(x_{j-1}) \bmod n$ für $j = 1, \ldots, k$, wobei k fest gewählt ist.

4. Für $j = 0, 1, 2, \ldots, k-1$ berechne $d_j = \mathrm{ggT}(x_k - x_j, n)$ und Stop, falls $1 < d_j < n$.

(Der Name der Methode kommt von folgendem Diagramm: Ist p ein Teiler von d_j, so gilt $x_k \equiv x_j \bmod p$.)

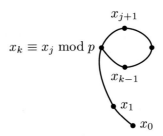

b) Faktorisieren Sie mit der Rho-Methode 998198809301.

Anhang

Wir setzen voraus, dass der Leser mit den Grundbegriffen der Linearen Algebra vertraut ist. In den Abschnitten 20 (Gruppen), 21 (Zahlen) und 22 (Körper) beschäftigen wir uns daher nur mit Begriffen und Resultaten, die im Kapitel I und im Kapitel II benötigt werden, aber nicht unbedingt zum Standardstoff einer Anfängervorlesung gehören. Die zum Verstehen des Buches notwendige Mathematik einschließlich der Resultate dieses Anhangs findet man etwa im Buch [18]. Ferner sagen wir im Abschnitt 23 etwas über die Komplexität von Algorithmen. Manchmal möchten wir schnelle Verfahren haben, etwa zum Codieren und Decodieren, ein anderes Mal sehr langsame, etwa bei der Faktorisierung großer Zahlen und dem Berechnen des Diskreten Logarithmus. Die Komplexität eines Algorithmus gibt Auskunft über seine Laufzeit.

■ 20
Gruppen

Eine nichtleere Menge G mit einer *Verknüpfung*, d.h. einer Abbildung $\circ : G \times G \to G$, die jedem Paar $(g,h) \in G \times G$ eindeutig ein Element aus G zuordnet, welches wir mit $g \circ h$ bezeichnen, heißt eine *Gruppe*, falls die folgenden Bedingungen erfüllt sind.

Definition

(i)   Für alle $g, h, k \in G$ gilt das *Assoziativgesetz* $(g \circ h) \circ k = g \circ (h \circ k)$.
(ii) Es gibt ein $e \in G$ mit $e \circ g = g \circ e = g$ für alle $g \in G$.
(iii) Zu jedem $g \in G$ gibt es ein $h \in G$ mit $g \circ h = h \circ g = e$.

Gilt neben (i)–(iii) auch noch das *Kommutativgesetz*

(iv) $g \circ h = h \circ g$ für alle $g, h \in G$,

so heißt G eine *abelsche*[12], oder auch *kommutative Gruppe*.

Das Element e ist durch die Bedingung in (ii) eindeutig bestimmt und wird das *neutrale Element* von G genannt. Ferner legt g in (iii) das Element h eindeutig fest.

---

[12]Niels Henrik Abel (1802–1829) Christiana (Norwegen), Berlin, Paris. Auflösung algebraischer Gleichungen, elliptische Funktionen, unendliche Reihen.

Wir nennen h das *inverse Element* von g und bezeichnen es mit g^{-1}. Statt $g \circ h$ schreiben wir meist kurz gh. Ist G eine endliche Menge, so bezeichnet $|G|$ die Anzahl der Elemente von G. Wir nennen $|G|$ auch die *Ordnung* von G.

Beispiele

a) $\mathbb{Z}$ ist bezüglich der Verknüpfung + (Addition) eine abelsche Gruppe. Ebenso ist $\mathbb{R}^* = \mathbb{R} \setminus \{0\}$ vermöge der Verknüpfung · (Multiplikation) eine abelsche Gruppe.

b) Die Menge S_n der bijektiven Abbildungen einer n-elementigen Menge in sich, auch *Permutationen* genannt, bildet bezüglich der Komposition von Abbildungen eine Gruppe. Sie heißt *symmetrische Gruppe*. Für $n \geq 3$ ist S_n nicht abelsch.

Lemma

Kürzungsregel. Sei G eine Gruppe und seien $g, h, k \in G$. Gilt $gh = gk$ oder $hg = kg$, so ist $h = k$.

Beweis. Es gilt $h = eh = (g^{-1}g)h = g^{-1}(gh) = g^{-1}(gk) = (g^{-1}g)k = ek = k$. Die andere Aussage folgt analog. $\square$

Definition

Eine Teilmenge U einer Gruppe G heißt eine *Untergruppe* von G, falls U bezüglich der auf G gegebenen Verknüpfung eine Gruppe ist. Wir schreiben dann $U \leq G$.

Zum Testen, ob eine gegebene Teilmenge einer Gruppe eine Untergruppe ist, kann man das Untergruppenkriterium verwenden, welches wir als Aufgabe 79 stellen.

Definition

Ist $U \leq G$ und $g \in G$, so heißt $gU = \{gu \mid u \in U\}$ eine *Nebenklasse*, genauer *Linksnebenklasse*, von U in G.

Lemma

Sei $U \leq G$.

a) Die Abbildung $u \longrightarrow gu$ für $u \in U$ ist eine Bijektion von U auf gU.

b) Für $g, h \in G$ gilt entweder $gU = hU$ oder $gU \cap hU = \emptyset$.

c) G ist die disjunkte Vereinigung seiner verschiedenen Nebenklassen. Die Mächtigkeit von $\{gU \mid g \in G\}$, also die Anzahl der verschiedenen Nebenklassen, nennen wir den Index von U in G und bezeichnen diesen mit $|G : U|$.

Beweis. a) Die angegebene Abbildung ist offensichtlich surjektiv. Sie ist auch injektiv wegen der Kürzungsregel.

b) Sei $gu_1 = hu_2 \in gU \cap hU$ mit $u_i \in U$. Es folgt $g^{-1}h = u_1u_2^{-1} \in U$, also $g^{-1}hU = U$, und somit $hU = gU$.

c) Dies folgt aus b) wegen $G = \bigcup_{g \in G} gU$. $\square$

Satz von Lagrange [13]. Ist G endlich und $U \leq G$, so gilt $|G| = |U||G : U|$. Insbesondere sind $|U|$ und $|G : U|$ Teiler von $|G|$.

Satz

Beweis. Die Behauptung folgt unmittelbar aus Teil c) des vorstehenden Lemmas. □

Sei G eine Gruppe mit dem neutralen Element e und $g \in G$. Wir nennen das kleinste $n \in \mathbb{N}$ mit $g^n = e$ die *Ordnung* von g und bezeichnen diese mit Ord g. Gibt es kein solches n, so schreiben wir Ord $g = \infty$ und sagen, dass g von unendlicher Ordnung ist.

Definition

Sei G eine Gruppe und sei $g \in G$ mit Ord $g = n \in \mathbb{N}$.

a) Genau dann ist $g^m = e$, wenn $n \mid m$.
b) Für $k \in \mathbb{N}$ gilt Ord $g^k = \frac{n}{\text{ggT}(n,k)}$.

Satz

Beweis. a) Sei $g^m = e$. Vermöge der Division mit Rest schreiben wir $m = qn + r$ mit $q, r \in \mathbb{N}_0$ und $0 \leq r < n$. Es folgt $e = g^m = g^{qn+r} = (g^n)^q g^r = e g^r = g^r$. Die Minimalität von n erzwingt nun $r = 0$, d.h. $n \mid m$.
b) Sei $d = \text{ggT}(n,k)$ und $t = \text{Ord } g^k$. Wegen $n \mid \frac{nk}{d}$ erhalten wir $e = g^{\frac{nk}{d}} = (g^k)^{\frac{n}{d}}$ und mit a) folgt $t \mid \frac{n}{d}$. Ferner gilt $g^{tk} = (g^k)^t = e$, also $n \mid tk$ und damit $\frac{n}{d} \mid \frac{tk}{d}$. Wegen $\text{ggT}(\frac{n}{d}, \frac{k}{d}) = 1$ erhalten wir $\frac{n}{d} \mid t$, also $t = \frac{n}{d}$. □

Ist G eine Gruppe und U eine Teilmenge von G, so bezeichnet $\langle U \rangle$ die kleinste Untergruppe von G, die U enthält. Wir nennen $\langle U \rangle$ das *Erzeugnis* von U in G. Gilt $G = \langle U \rangle$, so sagen wir, dass G von U erzeugt wird.

Definition

Eine Gruppe G heißt *zyklisch*, falls G von einem Element erzeugt wird, also $G = \langle g \rangle$ für ein geeignetes $g \in G$ ist.

Definition

Sei G eine Gruppe und sei $g \in G$ mit Ord $g = n$.

a) Es gilt $\langle g \rangle = \{e, g, \ldots, g^{n-1}\}$ und $|\langle g \rangle| = n$.
b) Ist $|G| < \infty$, so ist Ord $g \mid |G|$. Insbesondere gilt dann $g^{|G|} = e$.

Satz

Beweis. a) Sei $H = \{e, g, \ldots, g^{n-1}\}$. Das Untergruppenkriterium zeigt wegen $g^n = e$, dass H eine Untergruppe von G ist, die g enthält. Es folgt $H = \langle g \rangle$. Die Elemente aus H sind auch alle verschieden, denn $g^i = g^j$ für $0 \leq i \leq j \leq n - 1$ liefert $g^{j-i} = e$, also $n \mid j - i \leq n - 1$, welches $i = j$ erzwingt.
b) Dies folgt mit a) aus dem Satz von Lagrange. □

---

[13]Joseph Louis Lagrange (1736–1813) Turin, Berlin, Paris. Grundlegende Arbeiten zur Variationsrechnung, Zahlentheorie und Differentialrechnung. Begründer der analytischen Mechanik.

Übungsaufgaben

Aufgabe 79. (Untergruppenkriterium)
Sei G eine Gruppe und $\varnothing \neq U \subseteq G$. Zeigen Sie: Genau dann gilt $U \leq G$, wenn (i) mit $u, u' \in U$ stets $uu' \in U$ und (ii) mit $u \in U$ auch $u^{-1} \in U$ ist.

Aufgabe 80. Zeigen Sie: Eine Gruppe von Primzahlordnung ist zyklisch.

Aufgabe 81. Sei G eine Gruppe und seien $g, h \in G$ mit $gh = hg$. Beweisen Sie: Sind die Ordnungen von g und h endlich und teilerfremd, so gilt $\operatorname{Ord} gh = \operatorname{Ord} g \operatorname{Ord} h$.

■ 21
Zahlen

Sind $a, b \in \mathbb{Z}$ und nicht beide gleich 0, so bezeichnen wir mit $\operatorname{ggT}(a, b) \geq 1$ den größten gemeinsamen Teiler von a und b. Dieser läßt sich mittels der Primfaktorzerlegungen von a und b einfach bestimmen. Das Auffinden der Primfaktoren in der Zerlegung ist im Allgemeinen jedoch ein schwieriges Problem. Abhilfe schafft hier das folgende Verfahren, welches auch bei großen Zahlen äußerst effizient ist.

Der Euklidische[14] Algorithmus. Seien $a, b \in \mathbb{N}$ und $b < a$. Entweder ist $b \mid a$ oder $\operatorname{ggT}(a, b)$ ergibt sich als letzter nichtverschwindender Rest r_n des folgenden Schemas von Divisionen mit Rest:

$$
\begin{aligned}
a &= q_1 b + r_1, &\text{wobei}\quad &q_1, r_1 \in \mathbb{N}, \; 0 < r_1 < b \\
b &= q_2 r_1 + r_2, &\text{wobei}\quad &q_2, r_2 \in \mathbb{N}, \; 0 < r_2 < r_1 \\
r_1 &= q_3 r_2 + r_3, &\text{wobei}\quad &q_3, r_3 \in \mathbb{N}, \; 0 < r_3 < r_2 \\
&\;\;\vdots \\
r_{n-2} &= q_n r_{n-1} + r_n, &\text{wobei}\quad &q_n, r_n \in \mathbb{N}, \; 0 < r_n < r_{n-1} \\
r_{n-1} &= q_{n+1} r_n, &\text{wobei}\quad &q_{n+1} \in \mathbb{N}.
\end{aligned}
$$

Beweis. Da die r_i strikt fallend sind, bricht der Algorithmus nach endlich vielen Schritten ab. Ist $x \in \mathbb{N}$ ein Teiler von a und b, so auch von r_1, dann auch von r_2 und schließlich von r_n. Umgekehrt, ist x ein Teiler von r_n, dann auch von r_{n-1}, also auch von r_{n-2} und schließlich von b und a. Dies zeigt, dass $r_n = \operatorname{ggT}(a, b)$ ist. □

Satz

Bézout-Koeffizienten[15]. Zu $a, b \in \mathbb{N}$ existieren $x, y \in \mathbb{Z}$ mit

$$\operatorname{ggT}(a, b) = xa + yb.$$

---

[14]Euklid ($\sim$ 325–265 v.Chr.) Alexandria. Begründer der mathematischen Schule von Alexandria, Verfasser der ‚Elemente‘.

[15]Etienne Bézout (1730–1783) Paris. Lehrte Mathematik für Offiziersschüler der Marine und Artillerie. Algebraische Geometrie.

Beweis. Sei $b \leq a$. Ist $b \mid a$, so folgt $\mathrm{ggT}(a,b) = 0a + 1b$. Sei also $b \nmid a$. Wir lesen nun den Euklidischen Algorithmus von hinten und erhalten

$$
\begin{aligned}
\mathrm{ggT}(a,b) &= r_n \\
&= r_{n-2} - q_n r_{n-1} \\
&= r_{n-2} - q_n(r_{n-3} - q_{n-1}r_{n-2}) \\
&= (1 + q_n q_{n-1})r_{n-2} - q_n r_{n-3} \\
&\vdots \\
&= xa + yb
\end{aligned}
$$

mit geeigneten $x,y \in \mathbb{Z}$. Die so berechneten x,y nennt man auch die *Bézout-Koeffizienten* von a und b. $\qquad\square$

Das im Beweis angegebene Verfahren der Bestimmung von x und y einschließlich der Berechnung von $\mathrm{ggT}(a,b)$ mittels des Euklidischen Algorithmus wird als *erweiterter Euklidischer Algorithmus* bezeichnet.

Sei $n \in \mathbb{N}$ fest und seien $a,b \in \mathbb{Z}$. Wir schreiben $a \equiv b \bmod n$, falls n ein Teiler von $a - b$ ist. **Definition**

Simultane Kongruenzen. Seien $n_1,\ldots,n_s \in \mathbb{N}$ mit $\mathrm{ggT}(n_i,n_j) = 1$ für alle $i \neq j$. Zu beliebig vorgegebenen $a_1,\ldots,a_s \in \mathbb{Z}$ existiert dann ein $x \in \mathbb{Z}$ mit $x \equiv a_i \bmod n_i$ für $i = 1,\ldots,s$. Die Lösung x ist bis auf Vielfache von $n_1 n_2 \cdots n_s$ eindeutig. **Satz**

Beweis. Sei $N = n_1 \cdots n_s$ und $n_i' = \frac{N}{n_i}$ für $i = 1,\ldots,s$. Offensichtlich gilt dann $\mathrm{ggT}(n_i,n_i') = 1$. Wegen des Satzes über die Bézout-Koeffizienten existieren $x_i \in \mathbb{Z}$, so dass $x_i n_i' \equiv 1 \bmod n_i$. Wir setzen nun $x = \sum_{i=1}^s y_i n_i'$ mit $y_i \equiv a_i x_i \bmod n_i$. Da $n_i \mid n_j'$ für $i \neq j$, erhalten wir

$$
x = y_i n_i' = a_i x_i n_i' \equiv a_i \bmod n_i.
$$

Erfüllt $z \in \mathbb{Z}$ ebenfalls die simultanen Kongruenzen, so folgt $z \equiv x \bmod n_i$, also $n_i \mid z - x$ für alle i. Da die n_i paarweise teilerfremd sind, erhalten wir schließlich $n_1 \cdots n_s \mid z - x$. $\qquad\square$

Sei $n \in \mathbb{N}$. Die Relation $\equiv$ definiert eine Äquivalenzrelation auf $\mathbb{Z}$. Die Äquivalenzklasse von $a \in \mathbb{Z}$ bezeichnen wir mit $[a]$, also

$$
[a] = \{b \mid b \in \mathbb{Z}, b \equiv a \bmod n\} = \{a + nz \mid z \in \mathbb{Z}\} = a + n\mathbb{Z}.
$$

Bekanntlich sind solche Klassen gleich oder sie haben einen leeren Schnitt, d.h. $[a] = [b]$ oder $[a] \cap [b] = \varnothing$. Wir fassen nun die verschiedenen Äquivalenzklassen zu einer Menge zusammen und bezeichnen diese mit $\mathbb{Z}_n = \mathbb{Z}/n\mathbb{Z}$. Für die Begriffe Ring und Körper, die wir nun verwenden, verweisen wir auf den nächsten Abschnitt.

Satz

> Sei $n \in \mathbb{N}$.
>
> a) Es gilt $|\mathbb{Z}_n| = n$.
> b) Für $n > 1$ wird $\mathbb{Z}_n$ ein kommutativer Ring vermöge der Festsetzungen
>
> $$[a] + [b] = [a + b] \quad \text{und} \quad [a][b] = [ab] \text{ für } \quad a, b \in \mathbb{Z}$$
>
> mit dem Nullelement $[0] = n\mathbb{Z}$ und dem Einselement $[1] = 1 + n\mathbb{Z}$.
> c) Genau dann ist $\mathbb{Z}_n$ ein Körper, wenn $n = p$ eine Primzahl ist.

Beweis. a) Als Vertreter der Äquivalenzklassen können wir nichtnegative ganze Zahlen a wählen. Schreiben wir nun $a = qn + r$ mit $q, r \in \mathbb{N}_0$ und $0 \le r < n$, so gilt $[a] = [r]$. Es folgt $\mathbb{Z}_n = \{[a] \mid a = 0, \ldots, n - 1\}$. Angenommen, $[a] = [b]$ mit $0 \le a < b \le n - 1$. Dann ist $n \mid b - a \le n - 1$, also $a = b$, ein Widerspruch. Somit gilt $|\mathbb{Z}_n| = n$.

b) Da die Addition und die Multiplikation auf Vertretern der Klassen definiert sind, ist die Wohldefiniertheit nachzuweisen. Sei dazu $a' = a + nx$ und $b' = b + ny$ mit $x, y \in \mathbb{Z}$. Wegen $a' + b' = a + b + n(x + y)$ und $a'b' = ab + n(xb + ya + nxy)$ folgt $[a' + b'] = [a + b]$ und $[a'b'] = [ab]$. Die Ringaxiome in $\mathbb{Z}$ haben zur Folge, dass sie auch in $\mathbb{Z}_n$ gelten.

c) Wegen b) ist $\mathbb{Z}_n$ genau dann ein Körper, wenn jedes $[0] \ne [a] \in \mathbb{Z}_n$ ein multiplikatives Inverses hat. Sei zunächst $n = p$ eine Primzahl. Ist $[a] \ne [0]$, so gilt $\mathrm{ggT}(a, p) = 1$, also $ba + cp = \mathrm{ggT}(a, p) = 1$ mit Bézout-Koeffizienten $b, c \in \mathbb{Z}$. Daraus folgt $[b][a] = [1]$. Umgekehrt habe nun jedes $[a] \ne [0]$ ein Inverses. Angenommen, n sei keine Primzahl. Dann lässt sich n schreiben als $n = ab$ mit $a, b \in \mathbb{N}$ und $1 < a, b < n$. Es folgt $[a][b] = [ab] = [n] = [0]$, wobei $[a] \ne [0] \ne [b]$. Ist $[c]$ Inverses zu $[a]$, so erhalten wir $[b] = ([c][a])[b] = [c]([a][b]) = [c][0] = [0]$, ein Widerspruch. $\qquad\square$

Satz

> **Chinesischer Restsatz.** Sei $n = \prod_{i=1}^{s} n_i \in \mathbb{N}$ mit $n_i > 1$ und $\mathrm{ggT}(n_i, n_j) = 1$ für alle $i \ne j$. Dann ist die Abbildung $\alpha : \mathbb{Z}_n \to \mathbb{Z}_{n_1} \times \ldots \times \mathbb{Z}_{n_s}$ mit
>
> $$\alpha([a]) = \alpha(a + n\mathbb{Z}) = (a + n_1\mathbb{Z}, \ldots, a + n_s\mathbb{Z})$$
>
> ein Ringisomorphismus, also eine bijektive Abbildung, die für alle $a, b \in \mathbb{Z}$ die Bedingungen
>
> $$\alpha([a] + [b]) = \alpha([a]) + \alpha([b]) \quad \text{und} \quad \alpha([a][b]) = \alpha([a])\alpha([b])$$
>
> erfüllt.

Beweis. Mit der komponentenweisen Addition und Multiplikation ist $\mathbb{Z}_{n_1} \times \ldots \times \mathbb{Z}_{n_s}$ ein Ring. Ferner bestätigt man direkt, dass α ein Ringhomomorphismus ist. Sei nun $a + n\mathbb{Z} \in \mathrm{Kern}\,\alpha$, d.h. $a + n_i\mathbb{Z} = n_i\mathbb{Z}$, also $n_i \mid a$ für alle $i = 1, \ldots, s$. Da die n_i paarweise teilerfremd sind, folgt $n = n_1 \ldots n_s \mid a$ und somit $a + n\mathbb{Z} = n\mathbb{Z}$. Dies zeigt, dass α injektiv ist. Sei schließlich $(a_1 + n_1\mathbb{Z}, \ldots, a_s + n_s\mathbb{Z})$ beliebig gegeben. Wegen des Satzes über simultane Kongruenzen existiert ein $a \in \mathbb{Z}$ mit $(a + n_1\mathbb{Z}, \ldots, a + n_s\mathbb{Z}) = (a_1 + n_1\mathbb{Z}, \ldots, a_s + n_s\mathbb{Z})$. Somit ist α surjektiv, also ein Isomorphismus. $\qquad\square$

Seien $1 < n \in \mathbb{N}$ und $[a] \in \mathbb{Z}_n$. Genau dann existiert ein $[b] \in \mathbb{Z}_n$ mit $[a][b] = [1]$, wenn $\mathrm{ggT}(a,n) = 1$ ist.

Lemma

Beweis. Sei $[a][b] = [1]$, also $ab = 1 + nz$ mit $z \in \mathbb{Z}$. Ist $d = \mathrm{ggT}(a,n)$, so teilt d sowohl a als auch n, und damit auch 1. Es folgt $d = 1$. Ist umgekehrt $\mathrm{ggT}(a,n) = 1$, so gilt $1 = ab + nc$ mit $b,c \in \mathbb{Z}$, also $[a][b] = [1]$. $\qquad\square$

Sei $1 < n \in \mathbb{N}$. Dann ist

Definition

$$\mathbb{Z}_n^* = \{[a] \in \mathbb{Z}_n \mid [a] \text{ hat ein multiplikatives Inverses in } \mathbb{Z}_n\}$$

eine abelsche Gruppe, die wir die *Einheitengruppe* von $\mathbb{Z}_n$ nennen. Wir setzen

$$\varphi(1) = 1 \quad \text{und} \quad \varphi(n) = |\mathbb{Z}_n^*| \text{ für } n \geq 2$$

und nennen $\varphi : \mathbb{N} \to \mathbb{N}$ die *Euler'sche φ-Funktion*.

Das Lemma besagt nun für $n \in \mathbb{N}$, dass

$$\varphi(n) = |\{a \mid a \in \mathbb{N}, 1 \leq a \leq n, \mathrm{ggT}(a,n) = 1\}|$$

ist.

a) Sind $n,m \in \mathbb{N}$ teilerfremd, so gilt $\varphi(nm) = \varphi(n)\varphi(m)$.
b) Ist $n = \prod_{i=1}^{s} p_i^{e_i}$ mit paarweise verschiedenen Primzahlen p_i und $e_i \in \mathbb{N}$, so gilt $\varphi(n) = \prod_{i=1}^{s} p_i^{e_i-1}(p_i - 1)$.

Lemma

Beweis. a) Der Chinesische Restsatz liefert, dass $\mathbb{Z}_{nm}^*$ als multiplikative Gruppe isomorph zu $\mathbb{Z}_n^* \times \mathbb{Z}_m^*$ ist (siehe Aufgabe 86). Insbesondere erhalten wir hieraus, dass $\varphi(nm) = |\mathbb{Z}_{nm}^*| = |\mathbb{Z}_n^*||\mathbb{Z}_m^*| = \varphi(n)\varphi(m)$ ist.
b) Wegen a) genügt es für eine Primzahlpotenz p^e mit $e \in \mathbb{N}$ zu zeigen, dass $\varphi(p^e) = p^{e-1}(e-1)$ ist. In der Menge $\{k \mid 1 < k \leq p^e\}$ sind die durch p teilbaren Zahlen genau die lp mit $l = 1,2,\ldots,p^{e-1}$. Es folgt $\varphi(p^e) = p^e - p^{e-1} = p^{e-1}(p-1)$, da $\varphi(p^e)$ die Anzahl der zu p teilerfremden Zahlen zwischen 1 und p^e ist. $\qquad\square$

Satz von Euler. Seien $n \in \mathbb{N}$ und $a \in \mathbb{Z}$ mit $\mathrm{ggT}(a,n) = 1$. Dann ist

Satz

$$a^{\varphi(n)} \equiv 1 \bmod n.$$

Beweis. Für $n = 1$ ist nichts zu zeigen. Sei also $n > 1$. Wegen $\mathrm{ggT}(a,n) = 1$ ist $[a] \in \mathbb{Z}_n^*$ nach dem ersten Lemma. Teil b) des letzten Satzes im Abschnitt 20 liefert

$$[1] = [a]^{|\mathbb{Z}_n^*|} = [a]^{\varphi(n)} = [a^{\varphi(n)}],$$

also $a^{\varphi(n)} \equiv 1 \bmod n.$ $\qquad\square$

Satz

> **Kleiner Fermat'scher Satz.** Seien p eine Primzahl und $a \in \mathbb{Z}$ mit $p \nmid a$. Dann gilt
>
> $$a^{p-1} \equiv 1 \bmod p.$$

Beweis. Dies folgt unmittelbar aus dem Satz von Euler wegen $\varphi(p) = p - 1$. $\square$

Übungsaufgaben

Aufgabe 82. Seien $a, b \in \mathbb{Z}$ und $n \in \mathbb{N}$. Zeigen Sie:
a) Die Kongruenz

$$ax \equiv b \bmod n$$

ist genau dann lösbar, wenn $d = \mathrm{ggT}(a, n)$ ein Teiler von b ist.
b) Gilt $d \mid b$, so gibt es genau d Lösungen x mit $0 \le x \le n - 1$.

Aufgabe 83. Berechnen sie das Inverse von $[7]$ in $\mathbb{Z}_{101}$.

Aufgabe 84. Bestimmen Sie $x \in \mathbb{Z}$ mit $x \equiv 1 \bmod 2, x \equiv 2 \bmod 3, x \equiv 3 \bmod 5$ und $x \equiv 4 \bmod 7$.

Aufgabe 85. Sei $n \in \mathbb{N}$. Zeigen Sie, dass $n = \sum_{d \mid n} \varphi(d)$ ist, wobei die Summe über alle Teiler d von n läuft.
Hinweis: Es gibt genau $\varphi(\frac{n}{d})$ Zahlen i mit $1 \le i \le n$ und $\mathrm{ggT}(i, n) = d$.

Aufgabe 86. Beweisen Sie, dass für teilerfremde $1 < n, m \in \mathbb{N}$ die Gruppen $\mathbb{Z}_{nm}^{*}$ und $\mathbb{Z}_n^{*} \times \mathbb{Z}_m^{*}$ isomorph sind.
Hinweis: Benutzen Sie den Chinesischen Restsatz.

Aufgabe 87. Sei $p \ne 2$ eine Primzahl und $e \in \mathbb{N}$. Beweisen Sie, dass die Einheitengruppe $\mathbb{Z}_{p^e}^{*}$ zyklisch ist.
Hinweis: Sei $\alpha : \mathbb{Z}_{p^e}^{*} \to \mathbb{Z}_p^{*}$ mit $\alpha(a + p^e \mathbb{Z}) = a + p \mathbb{Z}$. Zeigen Sie, dass Kern α die von $a = (1 + p) + p^e \mathbb{Z}$ erzeugte zyklische Gruppe der Ordnung p^{e-1} ist. Ist $b \in \mathbb{Z}$ mit $\langle b + p\mathbb{Z} \rangle = \mathbb{Z}_p^{*}$, so wird $\mathbb{Z}_{p^e}^{*}$ von a und einer geeigneten p-Potenz von b erzeugt.
Bemerkung: Für $e > 2$ ist $\mathbb{Z}_{2^e}^{*}$ nicht zyklisch. Die Gruppe wird von $a = -1 + 2^e \mathbb{Z}$ der Ordnung 2 und $b = 5 + 2^e \mathbb{Z}$ der Ordnung 2^{e-2} erzeugt.

■ 22
Körper

Definition

> Eine Menge R mit zwei Verknüpfungen, einer Addition und einer Multiplikation, heißt ein *Ring*, falls gilt: R ist bezüglich der Addition $+$ eine abelsche Gruppe mit neutralem Element 0. Ferner erfüllt die Multiplikation die folgenden Axiome.
>
> (i) $(ab)c = a(bc)$ für alle $a, b, c \in R$ (*Assoziativgesetz*).
> (ii) $a(b+c) = ab+ac$ und $(a+b)c = ac+bc$ für alle $a, b, c \in R$ (*Distributivgesetze*).

(iii) Es gibt ein Element $0 \neq 1 \in R$ mit $1a = a1 = a$ für alle $a \in R$ (*Einselement*).

Gilt zusätzlich

(iv) $ab = ba$ für alle $a, b \in R$,

so nennen wir R einen *kommutativen Ring*.

In der Kryptographie interessieren uns insbesondere die kommutativen Ringe $\mathbb{Z}_n$, die wir bereits im vorigen Abschnitt behandelt haben. In der Codierungstheorie spielen hingegen die endlichen Körper die zentrale Rolle.

Definition Ein kommutativer Ring K heißt ein *Körper*, falls jedes $0 \neq a \in K$ ein multiplikatives Inverses hat. Die Menge $K^* = K \setminus \{0\}$ bildet also eine Gruppe bezüglich der Multiplikation, die wir die *multiplikative Gruppe* von K nennen.

Im vorigen Abschnitt haben wir für Primzahlen p die endlichen Körper $\mathbb{Z}_p$ kennengelernt. Addieren wir in $\mathbb{Z}_p$ das Einselement p-mal auf, so erhalten wir das Nullelement $[0]$. Dies formalisieren wir wie folgt.

Definition Sei K ein Körper. Gibt es ein $n \in \mathbb{N}$, so dass

$$n1 = \underbrace{1 + \ldots + 1}_{n\text{-mal}} = 0$$

ist, so nennen wir das kleinstes solche $n \in \mathbb{N}$ die Charakteristik von K und bezeichnen diese mit Char K. Gibt es kein solches n, so sagen wir, dass K die Charakteristik 0 hat und schreiben Char $K = 0$.

Lemma Die Charakteristik eines Körpers ist entweder 0 oder eine Primzahl.

Beweis. a) Sei K ein Körper mit Char $K \neq 0$. Dann gilt Char $K = n \in \mathbb{N}$. Angenommen, n wäre keine Primzahl, also $n = rs$ mit $r, s \in \mathbb{N}$ und $1 < r, s < n$. Dann folgt $0 = n1 = (r1)(s1)$. In einem Körper ist jedoch ein Produkt von zwei Elementen genau dann 0, wenn mindestens einer der Faktoren 0 ist. Somit erhalten wir $r1 = 0$ oder $s1 = 0$, im Widerspruch dazu, dass n die kleinste natürliche Zahl mit $n1 = 0$ ist. $\square$

Satz Sei K ein endlicher Körper. Dann gilt $|K| = p^n$ für eine Primzahl p und ein $n \in \mathbb{N}$. Die Primzahl p ist die Charakteristik von K.

Beweis. Wegen $|K| < \infty$ gibt es natürliche Zahlen $s < t$ mit $s1 = t1$, also $(t-s)1 = 0$. Somit ist die Charakteristik von K endlich, also eine Primzahl p. Die Menge $K_0 = \{s1 \mid s = 0, 1, \ldots, p-1\} \subseteq K$ ist bezüglich der auf K gegebenen Addition und

Multiplikation selbst ein Körper (siehe Aufgabe 88). Somit ist K_0 ein Unterkörper von K. Insbesondere ist also K ein Vektorraum über K_0 und wegen $|K| < \infty$ von endlicher Dimension n über K_0. Es folgt $|K| = |K_0|^n = p^n$. $\qquad\square$

Entscheidend sowohl für die Codierungstheorie als auch die Kryptographie ist das folgende Resultat.

Satz

Die multiplikative Gruppe K^* eines endlichen Körpers K ist zyklisch.

Beweis. Für jedes $a \in K^*$ gilt $\mathrm{Ord}\, a \mid |K^*|$. Bekanntlich hat das Polynom $x^d - 1$ höchstens d Nullstellen in K (siehe Aufgabe 90). Ist $a \in K^*$ mit $\mathrm{Ord}\, a = d \mid |K^*|$, so hat $x^d - 1$ genau d Nullstellen in K, nämlich $1, a, \ldots, a^{d-1}$. Wegen

$$\mathrm{Ord}\, a^k = \frac{\mathrm{Ord}\, a}{\mathrm{ggT}(d,k)} = \frac{d}{\mathrm{ggT}(d,k)}$$

haben genau $\varphi(d)$ der Elemente $1, a, \ldots, a^{d-1}$ die Ordnung d. Wir definieren nun $\psi(d) = |\{a \mid a \in K^*, \mathrm{Ord}\, a = d\}|$. Dann gilt $\psi(d) = 0$ für alle $d \nmid |K^*|$ und $\psi(d) \in \{0, \varphi(d)\}$, falls $d \mid |K^*|$. Mit Aufgabe 85 im Abschnitt 21 erhalten wir

$$|K^*| = \sum_{d \mid |K^*|} \psi(d) \leq \sum_{d \mid |K^*|} \varphi(d) = |K^*|,$$

also $\psi(d) = \varphi(d)$ für alle $d \mid |K^*|$. Insbesondere ist $\psi(|K^*|) = \varphi(|K^*|) > 0$. $\qquad\square$

Mit $K[x]$ bezeichnen wir den Polynomring über dem Körper K. Dieser verhält sich ähnlich wie der Ring der ganzen Zahlen. So gibt es eine eindeutige Zerlegung von Polynomen in normierte irreduzible Polynome analog der Faktorisierung von ganzen Zahlen in Primzahlen.

Definition

Ein Polynom $f = f(x) \in K[x]$ mit $\mathrm{Grad}\, f \geq 1$ heißt *irreduzibel*, falls sich f nicht schreiben lässt als $f = gh$ mit $g, h \in K[x]$ und $\mathrm{Grad}\, g, \mathrm{Grad}\, h \geq 1$. Wir nennen $0 \neq f = \sum_{i=0}^n a_i x^i \in K[x]$ mit $a_n \neq 0$ *normiert*, wenn $a_n = 1$ ist.

Die eindeutige Zerlegung eines Polynoms $0 \neq f \in K[x]$ in $f = a \prod_i f_i^{e_i}$ mit $a \in K^*, 1 \leq e_i \in \mathbb{N}$ und irreduziblen normierten Polynomen f_i, die wir nicht beweisen wollen, hat insbesondere die Existenz des größten gemeinsamen Teilers zweier Polynome in $K[x]$ (nicht beide 0) zur Folge. Ist $g = a' \prod_i f_i^{e_i'}$ mit $a' \in K^*$, so gilt

$$\mathrm{ggT}(f,g) = \prod_i f_i^{\min\{e_i, e_i'\}}.$$

Der größte gemeinsame Teiler zweier Polynome ist also normiert, welches die Eindeutigkeit zur Folge hat. (Bei den ganzen Zahlen wird die Eindeutigkeit durch die Forderung $\mathrm{ggT}(a,b) > 0$ erreicht.) Er läßt sich wie bei den ganzen Zahlen bis auf die Normierung mittels Division mit Rest über den Euklidischen Algorithmus effizient berechnen (siehe Aufgabe 89). Der erweiterte Euklidische Algorithmus liefert zudem die zugehörigen Bézout-Koeffizienten.

Indem wir $\mathbb{Z}$ durch $K[x]$ und $1 < n \in \mathbb{N}$ durch $f \in K[x]$ mit Grad $f \geq 1$ ersetzen, erhalten wir analog zu $\mathbb{Z}_n$ einen kommutativen Ring

$$R = K[x]/fK[x] = \{g + fK[x] \mid g \in K[x]\}.$$

Die Addition und Multiplikation in R sind dabei definiert durch

$$(g + fK[x]) + (h + fK[x]) = (g + h) + fK[x] \text{ und } (g + fK[x])(h + fK[x]) = gh + fK[x],$$

wobei $g, h \in K[x]$. Die Wohldefiniertheit der Verknüpfungen rechnet man wie bei $\mathbb{Z}_n$ nach. Die Ringaxiome folgen unmittelbar aus denen von $K[x]$.

> **Satz**
>
> Sei K ein Körper. Ist $f \in K[x]$ irreduzibel, so ist $E = K[x]/fK[x]$ ein Körper. Identifizieren wir $\{k + fK[x] \mid k \in K\}$ mit dem Körper K, so enthält E den Körper K. Man sagt auch, dass E ein Erweiterungskörper von K ist. Das Polynom f hat eine Nullstelle in E. Ferner ist E ein Vektorraum über K mit $\dim_K E = \text{Grad} f$.

Beweis. Wir zeigen zunächst, daß jedes $0 \neq g + fK[x]$ ein multiplikatives Inverses hat. Dann ist E ein Körper. Wegen der Irreduzibilität von f und $0 \neq g + fK[x]$ gilt $\text{ggT}(g, f) = 1$. Somit existieren Polynome (Bézout-Koeffizienten) $a, b \in K[x]$, so dass $ag + bf = 1$ ist. Es folgt

$$(a + fK[x])(g + fK[x]) = ag + fK[x] = 1 + fK[x].$$

Somit ist $a + fK[x]$ multiplikatives Inverses von $g + fK[x]$ in E. Ferner ist E ein K-Vektorraum vermöge der Festsetzung $k(g + fK[x]) = kg + fK[x]$ für $k \in K$ und $g \in K[x]$. Die Menge $\{x^i + fK[x] \mid i = 0, \ldots, \text{Grad} f - 1\}$ ist K-linear unabhängig, sogar eine Basis von E über K, da jedes Polynom bei Division durch f einen Rest vom Grad kleiner als Grad f hat. Somit gilt $\dim_K E = \text{Grad} f$. Ferner ist $x + fK[x] \in E$ eine Nullstelle von f wegen

$$f(x + fK[x]) = f(x) + fK[x] = fK[x] \in K[x]/fK[x]. \qquad \square$$

Ein Polynom $0 \neq f \in K[x]$ vom Grad n hat in einem beliebigen Erweiterungskörper von K höchstens n Nullstellen (siehe Aufgabe 90). Als Folgerung aus dem obigen Resultat erhalten wir:

> **Satz**
>
> Sei K ein Körper und sei $f \in K[x]$ mit Grad $f = n \geq 1$. Dann existiert ein Erweiterungskörper E von K, in dem f genau n Nullstellen (gezählt mit Vielfachheiten) hat. Man nennt E auch einen *Zerfällungskörper* von f.

Beweis. Sei E ein Erweiterungskörper von K, der bereits die Nullstellen $a_1, \ldots, a_m$ enthält. Seien $e_1, \ldots, e_m$ die entsprechenden Vielfachheiten. In $E[x]$ gilt nach

Aufgabe 90 dann

$$f = \prod_{i=1}^{m}(x - a_i)^{e_i}g \quad \text{mit} \quad g(a_i) \neq 0 \quad \text{für alle } i = 1, \ldots, m.$$

Ist Grad $g = 0$, so hat f in E genau n Nullstellen. Falls Grad $g \geq 1$, so schreiben wir $g = qh$ mit $q, h \in E[x]$ und irreduziblem q. Anwendung des obigen Satzes liefert einen Erweiterungskörper E_1 von E, also auch von K, in dem q eine Nullstelle, also f eine weitere Nullstelle a_{m+1} hat. Auf diese Weise erhalten wir induktiv die Behauptung.   □

Satz

> Sei $q = p^n$, wobei p eine Primzahl und $n \in \mathbb{N}$ ist. Dann gilt:
>
> a) Es gibt einen Körper K mit $|K| = q$.
> b) Ist K ein Körper mit $|K| = q$, so ist K isomorph zum Körper $\mathbb{Z}_p[x]/f\mathbb{Z}_p[x]$ für ein irreduzibles normiertes Polynom $f \in \mathbb{Z}_p[x]$ vom Grad n.
> b) Ein Körper K mit $|K| = q$ ist bis auf Isomorphie eindeutig bestimmt. Wir bezeichnen ihn mit $\mathbb{F}_q$.

Beweis. a) Sei E ein Zerfällungskörper von $f = x^q - x \in \mathbb{Z}_p[x]$. Weiterhin sei $K = \{a \mid a \in E, f(a) = 0\} \subseteq E$ die Menge der Nullstellen von f. Ist f' die Ableitung von f, so gilt $f' = qx^{q-1} - 1 = -1 \in \mathbb{Z}_p[x]$. Somit haben f und f' keine gemeinsamen Nullstellen, welches nach Aufgabe 93 impliziert, dass die Nullstellen von f alle verschieden sind. Es folgt $|K| = \text{Grad } f = q$. Wir zeigen nun, dass K ein Körper ist. Sind $a, b \in K$, so folgt wegen $q = p^n$ mit Aufgabe 91, dass

$$(a + b)^q - (a + b) = (a^q + b^q) - (a + b) = 0,$$

also $a + b \in K$. Ferner ist $a = -a$, falls $p = 2$, und $(-a)^q - (-a) = -a^q + a = 0$, falls p ungerade ist. Somit gilt auch $-a \in K$ und das Untergruppenkriterium liefert, dass K bezüglich der Addition eine abelsche Gruppe ist. Ferner gilt

$$(ab)^q - ab = a^q b^q - ab = ab - ab = 0.$$

Dies zeigt, dass K ein kommutativer Ring ist, da die übrigen Ringaxiome direkt aus denen von E folgen. Sei schließlich $0 \neq a \in K$, also $a^{q-1} = 1$. Es folgt $1 = (a^{q-1})^{-1} = (a^{-1})^{q-1}$ und somit $(a^{-1})^q = a^{-1}$, also $a^{-1} \in K$. Dies beweist, dass K sogar ein Körper ist.

b) Da K^* zyklisch ist, existiert ein $a \in K^*$ mit Ord $a = q - 1$. Wir wählen nun ein normiertes $0 \neq f \in \mathbb{Z}_p[x]$ mit $f \mid x^{q-1} - 1$ und von minimalem Grad, so dass $f(a) = 0$. Dann ist f irreduzibel (siehe Aufgabe 92). Ferner gilt Grad $f \geq n$, da wegen Aufgabe 95 die paarweise verschiedenen Elemente $a, a^p, a^{p^2}, \ldots, a^{p^{n-1}}$ alle Nullstellen von f sind. Wir zeigen nun, dass der Körper $E = \mathbb{Z}_p[x]/f\mathbb{Z}_p[x]$ isomorph zu K ist. Dazu setzen wir $\alpha(g + f\mathbb{Z}_p[x]) = g(a) \in K$. Offenbar ist α additiv und multiplikativ, also ein Ringhomomorphismus. Ferner ist α injektiv, denn $g(a) = 0$ impliziert $f \mid g$, also $g + f\mathbb{Z}_p[x] = 0 + \mathbb{Z}_p[x]$. Somit ist insbesondere $|E| \leq |K|$. Wegen $|E| = p^{\text{Grad } f} \geq p^n = q = |K|$ folgt Grad $f = n$ und α ist ein Isomorphismus.

c) Seien K_1 und K_2 Körper mit $|K_1| = |K_2| = q = p^n$. Im Beweis von b) ist gezeigt, dass $K_i = \{g(a_i) \mid g \in \mathbb{Z}_p[x],\ \text{Grad}\, g < n\}$ für geeignete $a_i \in K_i$. Die Abbildung $g(a_1) \mapsto g(a_2)$ liefert dann einen Isomorphismus von K_1 auf K_2. $\qquad\square$

Sei K ein Körper und $n \in \mathbb{N}$. Wir nennen $\alpha \in K$ eine *n-te Einheitswurzel*, falls $\alpha^n = 1$ ist. Ist $\text{Ord}\,\alpha = n$, so heißt α eine *primitive n-te Einheitswurzel*.

Definition

Ein Körper K mit $|K| = q < \infty$ enthält primitive $(q-1)$-te Einheitswurzeln, nämlich die Erzeugenden von K^*, da K^* zyklisch ist.

Übungsaufgaben

Aufgabe 88. Sei K ein Körper der Charakteristik p. Zeigen Sie: $K_0 = \{a1 \mid a = 0, 1, \dots, p-1 \in \mathbb{N}\} \subseteq K$ ist bezüglich der auf K gegebenen Addition und Multiplikation ein Körper, der isomorph zu $\mathbb{Z}_p$ ist.

Aufgabe 89. a) Beweisen Sie die Division mit Rest in $K[x]$, d.h. sind $f, g \in K[x]$ mit $g \neq 0$ gegeben, so existieren $q, r \in K[x]$ mit $\text{Grad}\, r < \text{Grad}\, g$, so dass $f = qg + r$ ist.
b) Führen sie die Division mit Rest explizit für $f = x^4 + 1$ und $g = x^2 + x$ in $\mathbb{Z}_2[x]$ durch.
c) Berechnen Sie die Bézout-Koeffizienten für $\text{ggT}(x^4 + 1, x^2 + x + 1)$ in $\mathbb{Z}_2[x]$ mittels des erweiterten Euklidischen Algorithmus.

Aufgabe 90. Sei $f \in K[x]$ mit $\text{Grad}\, f = n \geq 1$. Beweisen Sie:
a) Ist $E \supseteq K$ ein Erweiterungskörper von K und $a \in E$ mit $f(a) = 0$, so gilt $f = (x-a)g$ mit $g \in E[x]$.
b) f hat (in einem beliebigen Erweiterungskörper von K) höchstens n Nullstellen.

Aufgabe 91. Sei K ein Körper. Zeigen Sie: Ist $\text{Char}\, K = p$ eine Primzahl, so gilt $(a + b)^p = a^p + b^p$ für alle $a, b \in K$.

Aufgabe 92. Seien $K \leq E$ Körper mit $\dim_K E < \infty$ und $a \in E$. Zeigen Sie:
a) Es gibt ein $0 \neq f \in K[x]$ mit $f(a) = 0$.
b) Ist $0 \neq f \in K[x]$ normiert und von kleinstem Grad mit $f(a) = 0$, so ist f eindeutig und irreduzibel. Es heißt das *Minimalpolynom* von a über K.
c) Ist $g \in K[x]$ mit $g(a) = 0$, so ist das Minimalpolynom von a ein Teiler von g in $K[x]$.

Aufgabe 93. Sei $0 \neq f \in K[x]$ und f' die Ableitung von f. Zeigen Sie:
Ist $\text{ggT}(f, f') = 1$, so hat f in keinem Erweiterungskörper von K mehrfache Nullstellen.

Aufgabe 94. Beweisen Sie für einen Körper K mit $|K| = q$ die folgenden Aussagen.
a) $x^q - x = \prod_{a \in K}(x - a)$.
b) $a^q = a$ für alle $a \in K$.

Aufgabe 95. Sei K ein endlicher Körper mit $|K| = q$ und $f(x) \in K[x]$. Zeigen Sie: Ist a eine Nullstelle von $f(x)$ (in irgendeinem Erweiterungskörper von K), so ist auch a^q eine Nullstelle von $f(x)$.

Aufgabe 96. Sei $1 \neq \alpha \in K$ eine n-te Einheitswurzel im Körper K. Zeigen Sie: $\sum_{j=0}^{n-1} \alpha^j = 0$.

Aufgabe 97. Sei p eine Primzahl und $r \in \mathbb{N}$ mit $\mathrm{ggT}(r,p) = 1$. Beweisen Sie die Existenz eines Erweiterungskörpers E von $\mathbb{Z}_p$, der eine primitive r-te Einheitswurzel enthält.

■ 23
Komplexität von Algorithmen

Unter der Laufzeit eines Algorithmus verstehen wir die Zeit, die ein Algorithmus zur Berechnung eines Resultates benötigt. Diese hängt von der Eingabe ab und wird im wesentlichen von der Anzahl der auszuführenden Bit-Operationen bestimmt. In den Anwendungen sind manchmal sehr schnelle, ein anderes Mal sehr langsame Algorithmen gefragt. So möchte man nicht unnötig lange beim Abspielen einer CD auf die Musik warten. Die Decodierung sollte also möglichst schnell sein. Verschlüsseln wir hingegen eine Nachricht mittels des RSA- oder ElGamal-Verfahrens, so ist nur dann eine hinreichend große Sicherheit gegeben, wenn es keine schnellen Algorithmen zur Faktorisierung oder zur Berechnung des Diskreten Logarithmus gibt. Die Laufzeiten sollten derart groß sein, dass man bei Erhalt einer Lösung, sofern überhaupt möglich, an ihr nicht mehr interessiert ist; sie also nutzlos geworden ist.

Um Laufzeiten qualitativ zu erfassen, benutzen wir die sogenannte Landausche[16] O-Notation.

Definition   Seien $f,g : \mathbb{N} \to \mathbb{R}^+$ Funktionen von $\mathbb{N}$ in die Menge der nicht-negativen reellen Zahlen. Wir schreiben dann $f = \mathrm{O}(g)$, falls ein $0 < c \in \mathbb{R}$ und ein $n_0 \in \mathbb{N}$ existieren, so dass

$$f(n) \leq cg(n)$$

für alle $n \geq n_0$ gilt.

Für große n lassen sich also die Werte von f mittels g abschätzen. Diese Schreibweise macht insbesondere dann Sinn, wenn die Funktion g sehr viel einfacher als f ist und nicht wesentlich schneller als f wächst. So ist beispielsweise $2n^2 - 3n + 4 = \mathrm{O}(n^2)$, wie man direkt mit der Definition bestätigt. Die O-Notation beinhaltet also Aussagen über das Wachstum von Funktionen.

Definition   Unter der Länge $l(n)$ einer natürlichen Zahl n verstehen wir die Anzahl der Bits in der 2-adischen Darstellung von n, also

$$l(n) = 1 + \lfloor \log_2 n \rfloor = 1 + \left\lfloor \frac{\ln n}{\ln 2} \right\rfloor = \mathrm{O}(\ln n).$$

---

[16]Edmund Georg Hermann Landau (1877–1938) Berlin, Göttingen. Zahlentheorie, Funktionentheorie.

Die 2-adische Darstellung von 10 ist

$$0 \cdot 2^0 + 1 \cdot 2^1 + 0 \cdot 2^2 + 1 \cdot 2^3,$$

also $l(10) = 4 = 1 + \lfloor \log_2 10 \rfloor$.

Den Aufwand, den ein Rechner zur Durchführung eines Algorithmus benötigt, können wir im Wesentlichen anhand der durchgeführten Bit-Operationen messen. Wollen wir zwei natürliche Zahlen $m \le n$ addieren, so führt der Rechner höchstens $l(n)$ Bit-Operationen aus. Der Aufwand ist also beschränkt durch $l(n) = O(\ln n)$. Für die Multiplikation von n mit m ist er höchstens $O((\ln n)^2)$. In diesem Sinn können wir Algorithmen analysieren und den benötigten Aufwand abschätzen.

Wir sagen, dass ein Algorithmus *polynomiale Laufzeit* hat, falls ein $d \in \mathbb{N}$ existiert, so dass der Algorithmus bei einer Eingabe der Länge k zur Ausführung höchstens $O(k^d)$ Bit-Operationen benötigt. **Definition**

Zum Beispiel: Ist $n \in \mathbb{N}$ die Eingabe für einen Algorithmus, etwa zur Faktorisierung, so hat er polynomiale Laufzeit, falls sich die Anzahl der Bitoperationen nach oben durch $O((\ln n)^d)$ abschätzen läßt.

In diesem Sinne haben die Standard-Operationen wie Addition, Subtraktion, Multiplikation und Division eine polynomiale Laufzeit. Aber auch viele der in den Anwendungen oft benötigten Algorithmen, wie etwa der Euklidische Algorithmus zur Berechnung des größten gemeinsamen Teilers zweier Zahlen oder Polynome über einem Körper, sind polynomial.

Benötigen wir zur Lösung eines Problems einen schnellen Algorithmus, so sollte er in der Klasse der polynomialen Algorithmen sein. Wollen wir hingegen, dass alle bekannten Algorithmen zur Lösung eines Problems, etwa der Berechnung des Diskreten Logarithmus bei einer Verschlüsselung, sehr langsam sind, so sollten sie möglichst weit von den polynomialen entfernt sein. Sie sollten, wenn möglich, eine *exponentielle Laufzeit* haben, d.h. der Aufwand sollte in der Größenordnung von $O(e^{ck})$ liegen, wobei k wieder die Länge der gesamten Eingabe ist und $0 < c \in \mathbb{R}$.

Um eine natürliche Zahl n zu faktorisieren, können wir naiv wie folgt vorgehen. Wir versuchen sukzessive Teiler von n durch Division mit Zahlen kleiner oder gleich $\sqrt{n}$ zu finden. Man kann zeigen, dass die Laufzeit dieses Algorithmus $O(n^{\frac{1}{2}+\epsilon})$ ist, wobei $0 < \epsilon$ beliebig gewählt werden kann. Sie ist also exponentiell wegen

$$O(n^{\frac{1}{2}+\epsilon}) = O(e^{(\frac{1}{2}+\epsilon)\ln n}) = O(e^{((\frac{1}{2}+\epsilon)\ln 2)\log_2 n}).$$

Zur qualitativen Bewertung von Laufzeiten, die zwischen polynomial und exponentiell liegen, benutzen wir die *L-Funktion*.

Für $0 < c \in \mathbb{R}$ und $0 \le \alpha \le 1$ ist die auf $\mathbb{N}$ definierte *L-Funktion* gegeben durch **Definition**

$$L_n[\alpha, c] = O(e^{c(\ln n)^\alpha (\ln \ln n)^{1-\alpha}}).$$

Man beachte, dass in der Definition der natürliche Logarithmus ln durch $\log_a$ mit beliebigem $a > 1$ ersetzen werden kann, insbesondere also durch $\log_2$, der die Eingabelänge misst.

Angenommen, ein Algorithmus hat bei Eingabe von $n \in \mathbb{N}$ die Laufzeit $L_n[\alpha, c]$. Ist $\alpha = 1$, also $L_n[1,c] = \mathrm{O}(e^{c \ln n}) = \mathrm{O}(n^c)$, so ist die Laufzeit exponentiell. Ist $\alpha = 0$, also $L_n[0,c] = \mathrm{O}(e^{c \ln \ln n}) = \mathrm{O}((\ln n)^c)$, so liegt polynomiale Laufzeit vor. Die Funktion $L_n[\alpha, c]$ beschreibt also Laufzeiten zwischen polynomial und exponentiell. Schließlich sagen wir, dass die Laufzeit des Algorithmus *subexponentiell* ist, falls $0 < \alpha < 1$ gilt.

Zu dem Themenkreis Algorithmen und deren Komplexität empfehlen wir dem Leser das Buch [38].

Lösungen ausgewählter Aufgaben

Aufgabe 1. Um einen Fehler korrigieren zu können, muss der Code die Minimaldistanz $d \geq 3$ haben. Es gibt jedoch keinen binären $(4,4,3)$-Code, da die Hamming-Schranke zum Widerspruch $16 = 2^4 \geq 4(1 + 4) = 20$ führt.

Aufgabe 4a). Sei $c = (c_1, \ldots, c_{10})$ ein ISBN10-Codewort. Angenommen, die Vertauschung von c_i mit c_j, wobei $1 \leq i < j \leq 10$, kann nicht festgestellt werden. Dann ist $c' = (c_1, \ldots, c_{i-1}, c_j, c_{i+1}, \ldots, c_{j-1}, c_i, c_{j+1}, \ldots, c_{10})$ ebenfalls ein Codewort. Subtraktion der Kontrollgleichungen für c und c' liefert $(j - i)(c_i - c_j) \equiv 0 \bmod 11$. Wegen $j - i \not\equiv 0 \bmod 11$ ist $j - i \bmod 11$ invertierbar. Man beachte dazu, dass $\mathbb{Z}_{11}$ ein Körper ist. Es folgt $c_i \equiv c_j \bmod 11$, also $c_i = c_j$ wegen $0 \leq c_i, c_j \leq 10$.

Aufgabe 5. Die Hamming-Schranke liefert den Widerspruch $2^7 \geq 2^3(1 + \binom{7}{1} + \binom{7}{2})$.

Aufgabe 7b). Offenbar gilt $\sum_{c \in \mathcal{C}} |\{v \in \mathcal{V} \mid \sum_{i=1}^{90} c_i v_i = 1\}| = \sum_{c \in \mathcal{C}} 3 = 3|\mathcal{C}|$. Für festes $v \in \mathcal{V}$ ist $|\{c \in \mathcal{C} \mid \sum_{i=1}^{90} c_i v_i = 1\}| = 1$, da C den Minimalabstand 5 hat. Somit ist $\sum_{v \in \mathcal{V}} |\{c \in \mathcal{C} \mid \sum_{i=1}^{90} c_i v_i = 1\}| = |\mathcal{V}| = 88$ und es folgt der Widerspruch $3|\mathcal{C}| = 88$.

Aufgabe 10. Sei $K = \mathbb{F}_q$. Ein $(n - k)$-dimensionaler Code C im K^n läßt sich als Durchschnitt von k Hyperebenen H_i schreiben, wobei $H_i = \{(v_1, \ldots, v_n) \mid \sum_{j=1}^{n} a_{ij} v_j = 0\}$ mit $a_{ij} \in K$. Setzen wir $H = (a_{ij}) \in (K)_{k,n}$, so gilt $c \in C$ genau dann, wenn $Hc^T = 0$. Je zwei Spalten von H sind linear unabhängig, da C die Minimaldistanz 3 hat. Die Erzeugnisse der Spalten sind also paarweise verschiedene Geraden im K^k. Wegen $n = \frac{q^k - 1}{q - 1}$ kommen in H also die Vertreter sämtlicher Geraden des K^k vor. Die Kontrollmatrix H beschreibt also einen $[n = \frac{q^k - 1}{q - 1}, n - k, 3]$-Hamming-Code über K.

Aufgabe 13. a) Für $(c_0, \ldots, c_{k-1}) \in K^k$ gilt $(c_0, \ldots, c_{k-1})G \in C$ genau dann, wenn $(\sum_{i=0}^{k-1} c_i a_1^i, \ldots, \sum_{i=0}^{k-1} c_i a_n^i) \in C$, also genau dann, wenn $(f(a_1), \ldots, f(a_n)) \in C$ mit $f = \sum_{i=0}^{k-1} c_i x^i \in K[x]_{k-1}$. Insbesondere gilt also $K^k G = C$.
b) Die angegebene Matrix, die wir wieder mit G bezeichnen, ist Erzeugermatrix eines $[n, n, 1]$-Reed-Solomon-Codes C. Es folgt $K^n G = C$. Wegen $\dim C = n$ ist G regulär, hat also eine Determinante ungleich 0.

Aufgabe 14. Es genügt es zu zeigen, dass je 3 Spalten von G linear unabhängig sind. Dies ist offenbar richtig, wenn die 3 Spalten die beiden letzten aus G, oder wegen Aufgabe 13 keine der beiden letzten enthält. Ist eine der Spalten die letzte von G, so sind die 3 Spalten ebenfalls linear unabhängig. Da die Charakteristik des Körpers gleich 2 ist, gilt schließlich für $i \neq j$

$$\det \begin{pmatrix} 1 & 1 & 0 \\ a_i & a_j & 1 \\ a_i^2 & a_j^2 & 0 \end{pmatrix} = \det \begin{pmatrix} 1 & 1 \\ a_i^2 & a_j^2 \end{pmatrix} = a_i^2 - a_j^2 = (a_i - a_j)^2 \neq 0.$$

Aufgabe 18. a) Haben alle Codeworte in C in der letzten Koordinate eine 0, so ist $\overline{C}$ isomorph zu C, also von der Dimension k. Anderenfalls ist $\overline{C}$ isomorph zu einer Hyperebene in C, hat also die Dimension $k - 1$.
b) Sei $K = \mathbb{F}_{2^8}$. Setzen wir in der Definition eines Reed-Solomon-Codes $\mathcal{M} = K$ und wählen $k = 252 \leq n = 256$, so erhalten wir einen $[256,252,5]$-Reed-Solomon-Code über K. Kürzen wir diesen nach a) einmal, so erhalten wir einen $[255,k,d]$-Code $\overline{C}$ mit $k = 252$ oder $k = 251$ und $d \geq 5$. Die Singleton-Schranke $5 \leq d \leq 255 - k + 1$ erzwingt $k = 251$ und $d = 5$. Somit ist $\overline{C}$ ein $[255,251,5]$-Code. Wir kürzen nun immer wieder bis wir zum $[32,28,5]$ und schließlich zum $[28,24,5]$-Code über K kommen.

Aufgabe 20. Sei $v \in K^n$ mit a Auslöschungen und e Fehlern empfangen. Ohne Beschränkung der Allgemeinheit dürfen wir annehmen, dass die Auslöschungen in den ersten a Positionen sind, also $v = (*, \ldots, *, v_{a+1}, \ldots, v_n)$. Für $c = (c_1, \ldots, c_n) \in C$ setzen wir $v(c) = (c_1, \ldots, c_a, v_{a+1}, \ldots, v_n)$. Dann gilt $d(v(c),c) \leq e$. Angenommen zwei verschiedene Codeworte c und c' liefern das empfangene v. Wir erhalten dann $d \leq d(c,c') \leq d(c,v(c)) + d(v(c),v(c')) + d(v(c'),c') \leq e + a + e = 2e + a$ entgegen $d \geq 2e + a + 1$. Somit ist $c \in C$ mit $d(v(c),c) \leq e$ das eindeutig gesendete Codewort.

Aufgabe 22. Sei

$$H = \begin{pmatrix} 1 & 1 & 1 & 0 & 0 & 0 & 0 & 0 & 0 \\ 0 & 0 & 0 & 1 & 1 & 1 & 0 & 0 & 0 \\ 0 & 0 & 0 & 0 & 0 & 0 & 1 & 1 & 1 \\ 1 & 0 & 0 & 1 & 0 & 0 & 1 & 0 & 0 \\ 0 & 1 & 0 & 0 & 1 & 0 & 0 & 1 & 0 \\ 0 & 0 & 1 & 0 & 0 & 1 & 0 & 0 & 1 \end{pmatrix}.$$

Dann ist $C(E) = \{c \mid c \in K^9, Hc^T = 0\} = \text{Kern } H$. Wegen $\text{Rg } H = 5$ gilt $\dim C(E) = \dim \text{Kern } H = n - \text{Rg } H = 4$. Offenbar sind je 3 Spalten von H stets linear unabhängig. Bezeichnet s_i die i-te Spalte von H, so ist $s_1 + s_2 + s_4 + s_5 = 0$. Dies zeigt, dass $C(E)$ die Minimaldistanz 3 hat.

Aufgabe 23. Die vierte und die fünfte Nebenbedingung sind für v inkorrekt. Flippen wir x_2, so sind die erste und vierte Nebenbedingung inkorrekt. In beiden kommt die Variable x_1 am häufigsten vor, so dass wir diese flippen, welches zum Codewort $c = (0,1,1,1,1,0,1,0,1)$ führt. Es gilt $d(v,c) = 2$. Es gilt aber auch $d(v,c') = 2$ für das Codewort $c' = (1,0,1,1,1,0,0,1,1)$. In unserem Beispiel ist $n = 9$ und $\alpha = \frac{2}{9}$, so dass wir nach dem im Abschnitt Gezeigten bis zu $\frac{\alpha n}{2} = 1$ Fehlern richtig decodieren können.

Aufgabe 27. Wir setzen $e = (1, \ldots, 1)$.
a) Sei $c \in C$. Wegen $c \in C \subseteq C^\perp$ gilt $0 = <c,c> = \sum_{i=1}^n c_i^2 = \sum_{c_i \neq 0} 1 = <c,e>$.
b) Die Abbildung $c \mapsto c + e$ ist eine Bijektion auf C wegen $e \in C^\perp = C$. Ferner gilt $\text{wt}(c) = n - \text{wt}(c + e)$

Aufgabe 28. Für $c,c' \in C$ gilt $\text{wt}(c + c') = \text{wt}(c) + \text{wt}(c') - 2\,|\,\text{Tr}(c) \cap \text{Tr}(c')|$. Da C 4-dividierbar ist, ist $|\,\text{Tr}(c) \cap \text{Tr}(c')|$ gerade und es folgt $\langle c,c' \rangle = \sum_{i=1}^{n} c_i c_i' = |\,\text{Tr}(c) \cap \text{Tr}(c')|\,1_{\mathbb{F}_2} = 0$.

Aufgabe 32. a) Nach Aufgabe 26 ist $(C^\perp)^\perp = C$. Somit genügt es, eine Richtung zu beweisen. Sei also C ein MDS-Code der Dimension k. Angenommen, $0 \neq c^\perp \in C^\perp$ mit $\text{wt}(c^\perp) \leq k$. Wir schreiben $c^\perp$ als Zeile in eine Erzeugermatrix $G^\perp$ von $C^\perp$. Dann gibt es $n - k$ Spalten in $G^\perp$, die linear abhängig sind, nämlich diejenigen, in denen $c^\perp$ den Eintrag 0 hat. Da C die Minimaldistanz $d = n - k + 1$ hat und $G^\perp$ eine Kontrollmatrix für C ist, sind jedoch stets $n - k$ Spalten von $G^\perp$ linear unabhängig, ein Widerspruch. Somit ist $\text{wt}(c^\perp) \geq k + 1$. Die Singleton-Schranke liefert für die Minimaldistanz $d^\perp$ von $C^\perp$ die Ungleichung $k + 1 \leq d^\perp = n - (n - k) + 1 = k + 1$. Somit ist $C^\perp$ ein MDS-Code.
b) Nach Aufgabe 14 gibt es einen $[q + 2, 3, q - 1]$-MDS-Code C über $\mathbb{F}_q$. Wegen a) ist dann $C^\perp$ ein $[q + 2, q - 1, 4]$-MDS-Code über $\mathbb{F}_q$.

Aufgabe 36. a) Nach Aufgabe 6 aus Abschnitt 1 ist $d = 2e + 1$. Sei $\partial B_{e+1}(0)$ der Rand von $B_{e+1}(0)$. Ferner sei für $c \in C$ mit $\text{wt}(c) = d$ die Menge B_c definiert durch $B_c = \{v \in \partial B_{e+1}(0) \mid d(v,c) = e\}$. Offenbar ist $|B_c| = \binom{d}{e}$. Sind $c \neq c'$ Codeworte mit $\text{wt}(c) = \text{wt}(c') = d$, so gilt $B_c \cap B_{c'} = \varnothing$, denn wäre $v \in B_c \cap B_{c'}$, so wäre $d(c,c') \leq 2e$, ein Widerspruch zu $d = 2e + 1$. Da jedes $v \in \partial B_{e+1}(0)$ in einem geeigneten B_c für $c \in C$ liegt, erhalten wir $A_d = \dfrac{|\partial B_{e+1}(0)|}{\binom{d}{e}} = \dfrac{\binom{n}{e+1}}{\binom{d}{e}}$.

Aufgabe 37. Der erweiterte ternäre $[12,6,6]$-Golay-Code ist selbstdual und 3-dividierbar. Somit gilt für das Gewichtspolynom $A(x) = 1 + Ax^6 + Bx^9 + Cx^{12}$. Die Bemerkung des Abschnitts liefert die drei Gleichungen $A + B + C = 3^6 - 1 = 728$, $6A + 9B + 12C = 5832$ und $3A - 6B + 66C = -264$. Auflösung des Gleichungssystems ergibt $A = 264$, $B = 440$ und $C = 24$.

Aufgabe 42. Mit einem Computer-Algebrasystem erhalten wir direkt $x^{31} - 1 = (x + 1)(x^5 + x^2 + 1)(x^5 + x^3 + 1)(x^5 + x^4 + x^2 + x + 1)(x^5 + x^4 + x^3 + x^2 + 1)(x^5 + x^4 + x^3 + x + 1)(x^5 + x^3 + x^2 + x + 1)$. Sei $K = \mathbb{F}_{2^5}$. Jedes $\alpha \in K^*$ erfüllt $\alpha^{31} = 1$. Somit ist $0, 1 \neq \alpha \in K$ Nullstelle eines Polynoms $m_\alpha(x) \in \mathbb{Z}_2[x]$ vom Grad 5. Mit α sind aber auch $\alpha^2, \alpha^4, \alpha^8$ und α^{16} Nullstellen von $m_\alpha(x)$. Es folgt $m_\alpha(x) = (x - \alpha)(x - \alpha^2)(x - \alpha^4)(x - \alpha^8)(x - \alpha^{16})$. Wir setzen nun $g(x) = m_\alpha(x) m_{\alpha^3}(x) m_{\alpha^5}(x) m_{\alpha^7}(x) m_{\alpha^{11}}(x)$. Ist C der von $g(x)$ erzeugte Code, so gilt $\dim C = 31 - \text{Grad}\,g(x) = 6$. Da das Polynom $g(x)$ insbesondere die Nullstellen α^k für $k = 1, 2, \ldots, 14$ hat, besagt die BCH-Schranke, dass C mindestens die Minimaldistanz 15 besitzt.

Aufgabe 44. Der Eintrag in AA^T an der Stelle (b,a) ist
$$\sum_{c \in K^n} (-1)^{<b,c>}(-1)^{<a,c>} = \sum_{c \in K^n} (-1)^{<b+a,c>} = \begin{cases} 2^n, & \text{falls } b = a \\ 0, & \text{sonst.} \end{cases}$$
Man beachte dabei, dass für $a + b \neq 0$ der Wert $<b + a, c>$ für die genau die Hälfte der Elemente $c \in K^n$ gleich 0 ist, da $c \mapsto <b + a, c>$ von K^n nach K eine lineare Abbildung beschreibt.

Aufgabe 46. Die Transitivität von G auf A besagt $A = \{\gamma(a) \mid \gamma \in G\}$. Weiterhin gilt $\gamma_1(a) = \gamma_2(a)$ genau dann, wenn $\gamma_2^{-1}\gamma_1(a) = a$, also $\gamma_2^{-1}\gamma_1 \in G_a$. Dies ist gleichwertig mit $\gamma_1 G_a = \gamma_2 G_a$. Ist $G = \cup_{i=1}^{s} \gamma_i G_a$ die Nebenklassenzerlegung von G nach G_a, so folgt $A = \{\gamma_i(a) \mid i = 1, \ldots, s\}$, also $|A| = s = |G : G_a| = \dfrac{|G|}{|G_a|}$.

Aufgabe 47. Sei $e \in K^n$ mit $\mathrm{wt}(e) = k$, wobei die k Einsen in den ersten k Positionen stehen. Es genügt nun zu zeigen: Sind $a, b \in K^n$ mit $\mathrm{d}(a, b) = k$, so existiert ein $\gamma \in G$ mit $\gamma(a, b) = (0, e)$. Dieses γ finden wir wie folgt: Sei $\gamma_1 \in G$, welches die Einträge 1 im Vektor a in 0 ändert und an den entsprechenden Positionen die Einträge in b flippt (also 0 zu 1 bzw. 1 zu 0). Dann ist $\gamma_1(a, b) = (\gamma_1(a), \gamma_1(b)) = (0, \bar{b})$ mit $\mathrm{wt}(\bar{b}) = k$. Sei $\gamma_2 \in G$, welches die Koordinaten so permutiert, dass $\gamma_2(\bar{b})$ die k Einsen an den ersten k Positionen hat. Dann ist $\gamma_2 \gamma_1$ das gesuchte γ.

Aufgabe 49. Es gilt

$$
\det \begin{pmatrix} v_{i_1} & \cdots & v_{i_{d-1}} \\ a_{i_1} v_{i_1} & \cdots & a_{i_{d-1}} v_{i_{d-1}} \\ \vdots & & \vdots \\ a_{i_1}^{d-2} v_{i_1}^{d-2} & \cdots & a_{i_{d-1}}^{d-2} v_{i_{d-1}}^{d-2} \end{pmatrix} = v_{i_1} \cdots v_{i_{d-1}} \det \begin{pmatrix} 1 & \cdots & 1 \\ a_{i_1} & \cdots & a_{i_{d-1}} \\ \vdots & & \vdots \\ a_{i_1}^{d-2} & \cdots & a_{i_{d-1}}^{d-2} \end{pmatrix}.
$$

Die zweite Determinante ist eine Vandermonde-Determinante, also ungleich 0 wegen Aufgabe 13b) aus Abschnitt 2. Die Behauptung folgt nun nach dem ersten Satz im Abschnitt 2.

Aufgabe 53. Es gilt $x^2 + x = a, \ x^4 + x^2 = a^2, \ldots, x^{2^n} + x^{2^{n-1}} = a^{2^{n-1}}$. Wegen $x^{2^n} = x$ liefert Aufsummation $0 = x + 2x^2 + \ldots + 2x^{2^{n-1}} + x^{2^n} = a + a^2 + \ldots a^{2^{n-1}}$.

Aufgabe 54. Seien $b, 0 \neq k \in \mathbb{F}^{2^n}$. Wir zeigen, dass die Gleichung $f(x + k) + f(x) = (x + k)^{2^n - 2} + x^{2^n - 2} = b$ in $\mathbb{F}_{2^n}$ keine oder genau 2 Lösungen hat. Multiplizieren wir die Gleichung mit $\frac{1}{k^{2^n - 2}}$, so sehen wir, dass wir $k = 1$ annehmen dürfen. Sind $x \neq 0 \neq x + 1$ Lösungen, so folgt $(x + 1)^{-1} + x^{-1} = b$, also $\frac{x + (x+1)}{x(x+1)} = b$, also $x^2 + x = \frac{1}{b}$. Diese Gleichung hat aber höchstens 2 Lösungen. Seien schließlich $x = 0$ und $x = 1$ Lösungen. Dann ist $b = 1$. Angenommen, es gäbe eine weitere Lösung x mit $x \neq 0, 1$. Wie vorher erhalten wir dann $x^2 + x = 1$ für dieses $x \in \mathbb{F}_{2^n}$. Nach Aufgabe 53 gilt aber $1 + 1 + \ldots + 1 = 0$ mit n Einsen im Widerspruch zu n ungerade.

Aufgabe 56. Ist $n = p^2$, so kann die Primzahl p direkt gefunden werden und dann wegen $ed \equiv 1 \bmod p(p - 1)$ auch der private Schlüssel d. Ferner kann in diesem Fall auch die Nachricht $x = p$ nicht dechiffriert werden, da $x^{ed} \not\equiv x \bmod p^2$ ist.

Aufgabe 57. Angenommen, Alice signiert die Nachrichten x und x' mit dem gleichen k. Dies liefert die beiden Signaturen (u_1, u_2) und $(u_1' = u_1, u_2')$ mit $u_1 = \alpha^k \bmod p$. Oskar kann nun k wie folgt bestimmen: Aus $\beta^{u_1} u_1^{u_2} \equiv \alpha^x \bmod p$ und $\beta^{u_1} u_1^{u_2'} \equiv \alpha^{x'} \bmod p$ folgt $\alpha^{x - x'} \equiv u_1^{u_2 - u_2'} \bmod p$. Mit dem Ansatz $u_1 = \alpha^k \bmod p$ erhält er dann $\alpha^{x - x'} \equiv \alpha^{k(u_2 - u_2')} \bmod p$, also $x - x' \equiv k(u_2 - u_2') \bmod (p - 1)$. Sei $d = \mathrm{ggT}(u_2 - u_2', p - 1)$. Mit $\tilde{x} = \frac{x - x'}{d}, \tilde{u} = \frac{u_2 - u_2'}{d}$ und $\tilde{p} = \frac{p - 1}{d}$ folgt $\tilde{x} \equiv k\tilde{u} \bmod \tilde{p}$. Wegen $\mathrm{ggT}(\tilde{u}, \tilde{p}) = 1$ kann Oskar $\tilde{u}^{-1} \bmod \tilde{p}$ berechnen und er erhält die Kongruenz $\tilde{x}\tilde{u}^{-1} \equiv k \bmod \tilde{p}$. Diese liefert d mögliche Kandidaten für k, nämlich $k = \tilde{x}\tilde{u}^{-1} + i\tilde{p}$ mit $0 \leq i \leq d - 1$. Den konkreten Wert findet er dann durch Testen von $u_1 = \alpha^k \bmod p$.

Aufgabe 61. a) Ist $x_1 = x_2$, so gilt $y_1^2 = y_2^2$, also $y_2 = \pm y_1$. Somit ist $P_2 = \pm P_1$, welches nach Voraussetzung ausgeschlossen ist.
b) Im Fall $y_1 = 0$, also $P_1 = (x_1, 0) = -P_1$, folgt $P_1 + P_1 = \mathcal{O}$.

Aufgabe 63. a) Der Punkt $(0,1)$ liegt auf der Kurve $x^2 + y^2 = 1 + dx^2y^2$ und erfüllt nach der Additionsformel $(x,y) + (0,1) = (x,y)$.
b) Sei $(x,y) \in Ed(K)$, also $x^2 + y^2 = 1 + dx^2y^2$. Die Additionsformel liefert $(x,y) + (-x,y) = (\frac{xy-xy}{*}, \frac{y^2+x^2}{1+dx^2y^2}) = (0,1)$. Da $(0,1)$ das neutrale Element von $Ed(K)$ ist, folgt $-(x,y) = (-x,y)$.
c) Sei $P = (x,y) \in Ed(K)$ von der Ordnung 2, also $(\frac{2xy}{1+dx^2y^2}, \frac{y^2-x^2}{1-dx^2y^2}) = (0,1)$. Wegen Char $K \neq 2$ folgt $x = 0$ oder $y = 0$. Im Fall $x = 0$ gilt $y = \pm 1$ und somit $P = (0,-1)$, da P von Ordnung 2 ist. Ist $y = 0$, so erhalten wir $-x^2 = 1$ und x ist ein Element der Ordnung 4 in K^*. Insbesondere gilt dann $4 \mid |K^*| = |K| - 1$ entgegen der Voraussetzung $4 \mid (|K| + 1)$.
d) Der Punkt $(1,0)$ erfüllt die Gleichung $x^2 + y^2 = 1 + dx^2y^2$, liegt also auf $Ed(K)$. Wegen $(1,0)+(1,0) = (0,-1) = -(0,-1)$ und Char $K \neq 2$ ist $(1,0)$ von der Ordnung 4.

Aufgabe 67. Sei $Ax = b + zp^l$ mit ganzzahligem z. Wir suchen ein ganzzahliges y, so dass $A(x + p^ly) \equiv b \bmod p^{l+1}$ ist. Dies erfordert $b + zp^l + p^lAy \equiv b \bmod p^{l+1}$ oder gleichwertig damit $p^l(z + Ay) \equiv 0 \bmod p^{l+1}$. Nach Voraussetzung ist nun $Ay = -z \bmod p$ mit ganzzahligem y lösbar.

Aufgabe 69. Sei $(n-1)! \equiv -1 \bmod n$. Ist n keine Primzahl, so existiert $1 < r < n$ mit $r \mid n$. Es folgt $r \mid (n-1)!$, also $(n-1)! \equiv 0 \bmod r$ im Widerspruch zu $(n-1)! \equiv -1 \bmod r$. Sei umgekehrt $n = p$ eine Primzahl. In $\mathbb{Z}_p^*$ hat die Gleichung $x^2 = [1]$ die Lösungen $[1]$ und $[-1] = [p-1]$. Für $a = 2, \ldots, p-2$ gilt also $[a]^2 \neq [1]$, d.h. $[a] \neq [a]^{-1}$. Es folgt $\prod_{a=1}^{p-1}[a] = [-1]$. Dies ist gleichwertig mit $(p-1)! \equiv -1 \bmod p$.

Aufgabe 71. Es gilt $n = 561 = 3 \cdot 11 \cdot 17$. Sei $a \in \mathbb{Z}$ mit $ggT(a,n) = 1$. Der kleine Fermat'sche Satz liefert $a^2 \equiv 1 \bmod 3$, $a^{10} \equiv 1 \bmod 11$ und $a^{16} \equiv 1 \bmod 17$. Wegen $n - 1 = 580 = 2 \cdot 280 = 10 \cdot 56 = 16 \cdot 35$ erhalten wir $a^{560} \equiv 1 \bmod 561$.

Aufgabe 72. Sei $K = \mathbb{Z}_p$. Ist $(\frac{-1}{p}) = 1$, so exisiert ein $a \in K$ mit $a^2 = -1$. Dann ist a von Ordnung 4, welches $4 \mid |K^*| = p-1$ impliziert. Ist umgekehrt $4 \mid p-1$, so enthält K^* ein Element a der Ordnung 4, da K^* zyklisch ist. Es folgt $a^2 = -1$, also $(\frac{-1}{p}) = 1$.

Aufgabe 74. Die Zahlen 1,4 und 7 sind die Quadrate modulo $n = 9$. Somit ist 5 ein Nichtquadrat, jedoch $(\frac{5}{9}) = (\frac{2}{3})^2 = 1$.

Aufgabe 75. Es gilt $(\frac{219}{383}) = -(\frac{383}{219}) = -(\frac{164}{219}) = -(\frac{2}{219})^2(\frac{41}{219}) = -(\frac{41}{219}) = -(\frac{219}{41}) = -(\frac{14}{41}) = -(\frac{2}{41})(\frac{7}{41}) = -(\frac{7}{41}) = -(\frac{41}{7}) = -(\frac{6}{7}) = -(\frac{2}{7})(\frac{3}{7}) = -1$.

Aufgabe 79. Eine Untergruppe erfüllt nach Definition die angegebenen Bedingungen. Seien umgekehrt die beiden Bedingungen erfüllt. Da $U \neq \emptyset$ ist, existiert ein $u \in U$. Dann ist wegen (i) auch $u^{-1} \in U$ und wegen (ii) $e = uu^{-1} \in U$. Da das Assoziativgesetz in G gilt, sind alle Gruppengesetze für U erfüllt.

Aufgabe 81. Sei $n = \text{Ord}\, g$ und $m = \text{Ord}\, h$. Wegen $gh = hg$ erhalten wir $(gh)^{nm} = (g^n)^m(h^m)^n = e$, also $t = \text{Ord}\, gh \mid nm$. Ferner ist $\text{Ord}\, g^m = \frac{n}{ggT(n,m)} = n$ und $g^m = (gh)^m \in \langle gh \rangle$. Der Satz von Lagrange liefert nun $n \mid |\langle gh \rangle| = t$. Analog folgt $m \mid t$, also $t = nm$.

Aufgabe 82. a) Ist $d = ggT(a,n)$ und $x \in \mathbb{Z}$ mit $ax \equiv b \bmod n$, so gilt offenbar $d \mid b$ wegen $d \mid a$ und $d \mid n$. Sei umgekehrt $d \mid b$, also $b = cd$ mit $c \in \mathbb{Z}$. Der erweiterte Euklidische Algorithmus liefert $y, z \in \mathbb{Z}$, so dass $ay + nz = d$ ist. Es folgt $acy \equiv cay + cnz \equiv cd \equiv b \bmod n$ und cy ist eine Lösung der Kongruenz $ax \equiv b \bmod n$.

b) Sei $n = kd$ mit $d = \mathrm{ggT}(a, n)$. Gilt $ax \equiv b \bmod n$ und $ay \equiv b \bmod n$ mit $x, y \in \mathbb{Z}$, so folgt $n \mid a(x - y)$, also $k \mid x - y$ oder $x \equiv y \bmod k$. Ferner gilt $a(x + jk) \equiv b \bmod n$ für $j \in \mathbb{Z}$ wegen $n \mid ak$. Schließlich sind die $x + jk \bmod n$ für $j = 0, 1, \ldots, d - 1$ paarweise verschieden, denn wäre $n \mid (x + jk) - (x + ik) = (j - i)k$ für $0 \leq i < j \leq d - 1$, so $d \mid j - i \leq d - 1$, ein Widerspruch.

Aufgabe 83. Der Euklidische Algorithmus liefert im ersten Schritt $101 = 14 \cdot 7 + 3$ und im zweiten $7 = 2 \cdot 3 + 1$. Es folgt $1 = 7 - 2(101 - 14 \cdot 7) = 7(1 + 28) - 2 \cdot 101 = 7 \cdot 29 - 2 \cdot 101$. Somit ist $[7]^{-1} = [29]$.

Aufgabe 85. Wegen
$$|\{i \mid 1 \leq i \leq n, \mathrm{ggT}(i, n) = d\}| = |\{i \mid 1 \leq i \leq \tfrac{n}{d}, \mathrm{ggT}(i, \tfrac{n}{d}) = 1\}| = \varphi(\tfrac{n}{d})$$ folgt $n = \sum_{d \mid n} \varphi(\tfrac{n}{d}) = \sum_{d \mid n} \varphi(d)$.

Aufgabe 87. Offenbar ist α ein Gruppenhomomorphismus und $(1 + p + p^e\mathbb{Z}) \in$ Kern α. Weiterhin gilt $(1 + p)^{p^{e-1}} = 1 + \binom{p^{e-1}}{1}p + \binom{p^{e-1}}{2}p^2 + \ldots \equiv 1 \bmod p^e$. Wegen $(1 + p)^{p^f} \not\equiv 1 \bmod p^e$ für $0 \leq f < e - 1$ ist $\mathrm{Ord}\,(1 + p + p^e\mathbb{Z}) = p^{e-1}$. Sei $b \in \mathbb{Z}$, welches $\mathbb{Z}_p^*$ erzeugt. Es folgt $p - 1 = \mathrm{Ord}\,(b + p\mathbb{Z}) \mid \mathrm{Ord}\,(b + p^e\mathbb{Z}) = p^t(p - 1)$ mit $0 \leq t \leq e - 1$. Somit ist $\mathrm{Ord}\,(b^{p^t} + p^e\mathbb{Z}) = p - 1$. Mit Aufgabe 81 erhalten wir nun $\mathrm{Ord}((1 + p + p^e\mathbb{Z})(b^{p^t} + p^e\mathbb{Z})) = p^{e-1}(p - 1) = |\mathbb{Z}_{p^e}^*|$.

Aufgabe 88. Die Elemente aus K_0 sind paarweise verschieden, denn sonst wäre Char $K < p$. Seien $a1, b1 \in K_0$. Schreiben wir $a + b = qp + r$ mit $q, r \in \mathbb{Z}$ und $0 \leq r < p$, so folgt $a1 + b1 = (a + b)1 = qp1 + r1 = r1 \in K_0$. Da auch $-a1 = (p - a)1 \in K_0$, ist K_0 bezüglich der Addition eine abelsche Gruppe. Sei $a1 \neq 0 \neq b1 \in K_0$. Die Division von ab durch p mit Rest liefert wieder $(a1)(b1) \in \mathbb{K}_0$. Da die übrigen Ringaxiome aus denen von K folgen, ist K_0 ein kommutativer Ring. Es ist sogar ein Körper, denn jedes $0 \neq a1 \in K_0$ hat ein Inverses. Schreibe dazu $1 = \mathrm{ggT}(a, p) = ab + pc$ mit $b, c \in \mathbb{Z}$. Dann ist $(a1)(b1) = 1$. Der Isomorphismus von K_0 auf $\mathbb{Z}_p$ wird geliefert durch $a1 \mapsto a + p\mathbb{Z}$ für $0 \leq a \leq p - 1$, wie man leicht bestätigt.

Aufgabe 89. a) Sei $f = ax^n + \ldots$ vom Grad n und $g = bx^m + \ldots$ vom Grad m. Ist $m > n$, so setze $g = 0$ und $r = f$. Sei $m \leq n$. Dann gilt $f - \frac{a}{b}x^{n-m}g = r \in K[x]$, wobei $\mathrm{Grad}\,r < \mathrm{Grad}\,f$. Ist $\mathrm{Grad}\,r \geq m$, so ersetze f durch r und führe den Schritt wieder durch, der zu neuem r führt. Wir fahren so iterativ fort bis $\mathrm{Grad}\,r < m$ ist und erhalten so die Zerlegung $f = qg + r$ mit $q, r \in K[x]$ und $\mathrm{Grad}\,r < \mathrm{Grad}\,g$. Die Eindeutigkeit ergibt sich wie folgt: Sei $f = q_1 g + r_1 = q_2 g + r_2$ mit $q_i, r_i \in K[x]$ und $\mathrm{Grad}\,r_i < \mathrm{Grad}\,g$. Es folgt $(q_1 - q_2)g = r_2 - r_1$. Wegen $\mathrm{Grad}\,(r_2 - r_1) < \mathrm{Grad}\,g$ erhalten wir $q_1 = q_2$ und dann $r_1 = r_2$.

Aufgabe 90. a) Nach Aufgabe 89 gilt in $E[x]$, dass $f(x) = (x - a)g(x) + r(x)$ mit $\mathrm{Grad}\,r(x) < 1$. Somit ist $r(x) = r \in E$. Wegen $f(a) = 0$ erhalten wir $r = 0$.

b) Dies folgt aus a) wegen $\mathrm{Grad}\,f(x) < \infty$.

Aufgabe 91. Bekanntlich ist $(a + b)^p = \sum_{i=0}^{p} \binom{p}{i} a^{p-i} b^i$. Für $0 < i < p$ gilt $p \mid \frac{p!}{i!(p-i)!} = \binom{p}{i}$, also $\binom{p}{i} = 0 \in K$ wegen Char $K = p$. Somit folgt $(a + b)^p = a^p + b^p$.

Aufgabe 93. Sei $K \subseteq E$ und $a \in E$ eine mehrfache Nullstelle von f. Wegen Aufgabe 90 gilt $f(x) = (x - a)^e g(x)$ mit $e \geq 2$. Es folgt $f'(x) = e(x - a)^{e-1} g(x) + (x - a)^e g'(x)$. Somit ist a auch Nullstelle von $f'(x)$. Ist $m(x)$ das Minimalpolynom von a über K, so folgt mit Aufgabe 92, dass $m(x) \mid \mathrm{ggT}(f, f') = 1$, ein Widerspruch.

Aufgabe 95. Sei $f = \sum_{i=0}^{n} k_i x^i \in K[x]$ und $f(a) = 0$. Wegen Aufgabe 94 gilt $k_i^q = k_i$ für alle i. Ist $q = p^n$, so liefert wiederholte Anwendung von Aufgabe 91, dass $0 = f(a)^q = (\sum_{i=0}^{n} k_i a^i)^q = \sum_{i=0}^{n} k_i^q a^{iq} = \sum_{i=0}^{n} k_i (a^q)^i = f(a^q)$.

Aufgabe 96. Es gilt $\alpha(\sum_{j=0}^{n-1} \alpha^j) = \alpha + \ldots + \alpha^n = \alpha + \ldots + \alpha^{n-1} + 1 = \sum_{j=0}^{n-1} \alpha^j$. Wegen $\alpha \neq 1$ erhalten wir $\sum_{j=0}^{n-1} \alpha^j = 0$.

Literaturverzeichnis

[1] M. AGRAWAL, N. KAYAL AND N. SAXENA. Primes in P. Ann. of Math. 160, 781–793 (2004).

[2] W.R. ALFORD, A. GRANVILLE AND C. POMERANCE. There are infinitely many Carmichael numbers. Ann. of Math. 140, 703–722 (1994).

[3] D.J. BERNSTEIN. Proving primality after Agrawal-Kayal-Saxena. Preprint, University of Illinois at Chicago, January 2003.
http://cr.yp.to/papers.html#aks

[4] D.J. BERNSTEIN AND T. LANGE. Faster addition and doubling on elliptic curves. Proceedings of the International Conference on the Theory and Application of Cryptology and Information Security (ASTACRYPT), Lecture Notes in Computer Science 4833, Springer Verlag, 29–50 (2007).

[5] D. BONEH AND R.J. LIPTON. Algorithms for black-box fields and their application in cryptography. Proceedings of the Annual International Cryptology Conference (CRYPTO), Lecture Notes in Computer Science 1109, Springer Verlag, 283–297 (1996).

[6] M. BOSSERT. Kanalcodierung. Teubner Verlag, Stuttgart 1998.

[7] J. BUCHMANN. Einführung in die Kryptographie. Springer Verlag 2003.

[8] C. CARLET. Boolean functions for cryptography and error correcting codes. INRIA, Project CODES, 2006.

[9] J. DAEMEN AND V. RIJMEN. The design of Rijndael. Springer Verlag 2001.

[10] P. DELSARTE. An algebraic approach to the association schemes. Philips Res. Repts. Suppl. 10 (1973).

[11] W. DIFFIE AND M.E. HELLMAN. New directions in cryptography. IEEE Trans. Inform. Theory 22, 644–654 (1976).

[12] W. EBELING. Lattices and codes. Vieweg Verlag, 2. durchg. Aufl., 2002.

[13] M. EIGEN. Stufen zum Leben. Serie Piper, Band 765 (1987).

[14] A. FALDUM, J. LAFUENTE, G. OCHOA AND W. WILLEMS. Error probabilities for bounded distance decoding. Designs, Codes and Cryptography 40, 237–252 (2006).

[15] O. FORSTER. Algorithmische Zahlentheorie. Vieweg Verlag 1996.

[16] R.G. GALLAGER. Low-density parity-check codes. Cambridge, MA, MIT Press, 1963.

[17] Y. HONG. On the nonexistence of nontrivial perfect e-codes and tight $2e$-designs in Hamming schemes $H(n,q)$ with $e \geq 3$ and $q \geq 3$. Graphs and Combinatorics 2, 145–164 (1986).

[18] B. HUPPERT UND W. WILLEMS. Lineare Algebra. Teubner Verlag 2006.

[19] K.A.S. IMMINK. Coding techniques for digital recorders. Prentice Hall, New York 1991.

[20] J. JUSTESEN. A class of constructive asymptotically good algebraic codes. IEEE Trans. Inform. Theory 18, 652–656 (1972).

[21] N. KOBLITZ. A Course in Number Theory and Cryptography. Springer Verlag, New York 1987.

[22] A.K. LENSTRA. Further progress in hashing cryptanalysis. Preprint, BEll Labs, Februar 2005. http://cm.bell-labs.com/who/akl/hash.pdf

[23] J.H. VAN LINT. Introduction to Coding Theory. Springer Verlag, New York Heidelberg Berlin 1982.

[24] J.H. VAN LINT. The mathematics of the Compact Disc. In: DMV Mitteilungen, Heft 4, 25-29 (1998).

[25] A. LUBOTZKI, R. PHILLIPS AND P. SARNAK. Ramanujan graphs. Combinatorica 8, 261-277 (1988).

[26] A.J. MENEZES, P.C. VAN OORSCHOT AND S.A. VANSONE (EDITORS). Handbook of Applied Cryptography. CRC Press 1997.

[27] D.E. MULLER. Application of boolean algebra to switching circuit design and to error detection. IRE Trans. Electron. Computers, EC-3, 6–12 (1954).

[28] I.S. REED. A class of multiple-error-correcting codes and the decoding scheme. IRE Trans. Inf. Theory 4, 38–49 (1954).

[29] I.S. REED AND G. SOLOMON. Polynomial codes over certain finite fields. J. SIAM 8, 300–304 (1960).

[30] R.J. SCHOOF. Elliptic curves over finite fields and the computation of square roots mod p. Math. Comp. 44, 483–494 (1985).

[31] C.E. SHANNON. A mathematical theory of communication. Bell Syst. Tech. J. 27, 379–423, 623–656 (1948).

[32] C.E. SHANNON. Communication theory of secrecy systems. Bell Syst. Tech. J. 28, 656–715 (1949).

[33] A. SCHRIJVER. New code upper bounds from the Terwilliger algebra and semidefinite programming. IEEE Trans. Inform. Theory 51, 2859–2866 (2005).

[34] J.H. SILVERMAN. The arithmetic of elliptic curves. Springer Verlag 1986.

[35] S. SINGH. Geheime Botschaften. DTV 2001.

[36] M. SIPSER AND D.A. SPIELMAN. Expander codes. IEEE Trans. Inform. Theory 42, 1710–1722 (1996).

[37] A. TIETÄVÄINEN. On the nonexistence of perfekt codes over finite fields. SIAM J. appl. Math 24, 88–96 (1973).

[38] J. VON ZUR GATHEN AND J. GERHARD. Modern computer algebra. Cambridge University Press 1999.

[39] D. WÄTJEN. Kryptographie. Spektrum Lehrbuch 2004.

[40] L.C. WASHINGTON. Elliptic curves. Chapman & Hall 2003.

[41] S.B. WICKER AND V.K.BHARGAVA (EDITORS). Reed-Solomon Codes and their Applications. IEEE-Press, New York 1994.

[42] J. WALKER. Codes and Curves. Oxford University Press 2000.

[43] A. WERNER. Elliptische Kurven in der Kryptographie. Springer Verlag Berlin 2002.

[44] W. WILLEMS. Codierungstheorie. DeGruyter Verlag 1999.

[45] V.A. ZINOV'EV AND V.K. LEONT'EV. The nonexistence of perfect codes over Galois fields. Problems of Control and Inf. Theory 2, 123–132 (1973).

Namenverzeichnis

Symbolverzeichnis

Stichwortverzeichnis

BIRKHÄUSER

Elementare Stochastik

Kersting, G. / Wakolbinger, A., Universität Frankfurt

In der modernen Stochastik werden Wahrscheinlichkeiten im Zusammenhang mit Zufallsvariablen gedacht. Damit macht dieses Lehrbuch Ernst, schon die Welt uniform verteilter Zufallsgrößen wird dann farbig.

Das Konzept der Zufallsgrößen prägt den Aufbau des Buches. Es enthält neue Beispiele und dringt auf knappem Raum weit in das Rechnen mit Zufallsvariablen vor, ohne Techniken aus der Maß- und Integrationstheorie zu bemühen. Die wichtigsten diskreten und kontinuierlichen Verteilungen werden erklärt, und der Umgang mit Erwartungswert, Varianz und bedingten Verteilungen wird vermittelt. Der Text reicht bis zum Zentralen Grenzwertsatz (samt Beweis) und zu den Anfängen der Markovketten. Je ein Kapitel ist Ideen der Statistik und der Informationstheorie gewidmet.

Damit liefert das Buch Orientierung und Material für verschiedene Varianten 2- oder 4-stündiger einführender Lehrveranstaltungen.

Inhalt:
I.   Zufallsvariable mit uniformer Verteilung
II. Zufallsvariable und Verteilungen
III. Erwartungswert, Varianz, Unabhängigkeit
IV. Abhängige Zufallsvariable und bedingte Verteilungen
V.   Ideen aus der Statistik
VI. Ideen aus der Informationstheorie

2008. IV, 166 S. Brosch.
ISBN 978-3-7643-8430-2

Zufallsvariable und Stochastische Prozesse

Kersting, G. / Wakolbinger, A., Universität Frankfurt

Am Anfang des Buches steht die Mathematik der Zufallsvariablen, sie wird im Zusammenspiel mit der Maß- und Integrationstheorie entwickelt. Einen stochastischen Prozess kann man dann als einen zufälligen Pfad durch einen Zielbereich betrachten. Das Buch behandelt wichtige Klassen solcher Prozesse. Martingale sind allgegenwärtig in der modernen Stochastik, es handelt sich um Prozesse ,ohne Trend'. Die zeitliche Entwicklung einer Markovkette wird bestimmt durch eine zufällige Dynamik, die nur vom aktuellen Zustand abhängt. Poissonsche Punktprozesse, die wichtigste Klasse von zufälligen Punktkonfigurationen, sind Bausteine für stochastische Prozesse mit Sprüngen. Brownsche Bewegung und Lévy-Prozesse stehen an der Schnittstelle zwischen Martingalen und Markovprozessen. Die stochastische Integration entwickelt einen Infinitesimal-Kalkül für zufällige Pfade, auch solche mit Sprüngen.

Das Buch liefert Orientierung und Material für eine 2- oder 4-stündige weiterführende Lehrveranstaltung in Stochastik.

Inhalt:
I.   Die Mathematik der Zufallsvariablen
II. Martingale
III. Markovketten
IV. Poissonsche Punktprozesse
V.   Brownsche Bewegung und Lévy-Prozesse
VI. Stochastische Integration

Etwa 150 S. Brosch.
ISBN 978-3-7643-8432-6
Erscheint 2009

Mathematik Kompakt

Herausgegeben von
Martin Brokate, TU München / **Heinz W. Engl**, Universität Wien
Karl-Heinz Hoffmann, TU München / **Götz Kersting**, Universität Frankfurt
Gernot Stroth, Universität Halle-Wittenberg / **Emo Welzl**, ETH Zürich

Die neu konzipierte Lehrbuchreihe *Mathematik Kompakt* ist eine Reaktion auf die Umstellung der Diplomstudiengänge in Mathematik zu Bachelor- und Masterabschlüssen. Ähnlich wie die neuen Studiengänge selbst ist die Reihe modular aufgebaut und als Unterstützung der Dozenten wie als Material zum Selbststudium für Studenten gedacht. Der Umfang eines Bandes orientiert sich an der möglichen Stofffülle einer Vorlesung von zwei Semesterwochenstunden. Der Inhalt greift neue Entwicklungen des Faches auf und bezieht auch die Möglichkeiten der neuen Medien mit ein. Viele anwendungsrelevante Beispiele geben dem Benutzer Übungsmöglichkeiten. Zusätzlich betont die Reihe Bezüge der Einzeldisziplinen untereinander.
Mit *Mathematik Kompakt* entsteht eine Reihe, welche die neuen Studienstrukturen berücksichtigt und für Dozenten und Studenten ein breites Spektrum an Wahlmöglichkeiten bereitstellt.

Albrecher, H.-J., Universität Linz /
Binder, A., MathConsult GmbH
Einführung in die Finanzmathematik.
Erscheint 2009.
ISBN 978-3-7643-8783-9

Kersting, G. / Wakolbinger, A.,
Universität Frankfurt
Elementare Stochastik (2008).
ISBN 978-3-7643-8430-2

Kersting, G. / Wakolbinger, A.,
Universität Frankfurt
**Zufallsvariable und Stochastische
Prozesse.** *Erscheint* 2009.
ISBN 978-3-7643-8432-6

Prüß, J.W., Universität Halle-Wittenberg /
Schnaubelt, R., Universität Karlsruhe /
Zacher, R., Universität Halle-Wittenberg
**Mathematische Modelle in der
Biologie.** Deterministische homogene
Systeme (2008).
ISBN 978-3-7643-8436-4

Willems, W., Universität Magdeburg
Codierungstheorie und Kryptographie.
(2008).
ISBN 978-3-7643-8611-5

Zulehner, W., Universität Linz
Numerische Mathematik. Eine Einführung anhand von Differentialgleichungsproblemen. **Band 1**: Stationäre Probleme (2007).
ISBN 978-3-7643-8426-5

Zulehner, W., Universität Linz
Numerische Mathematik. Eine Einführung anhand von Differentialgleichungsproblemen. **Band 2**: Instationäre Probleme. *Erscheint* 2008/2009.
ISBN 978-3-7643-8428-9

Printed in the United States
By Bookmasters